河网水动力模型在水资源系统调度中的应用：从理论到实践

曹明霖　张　宇　王腊春　著
张　阳　张　潇　徐丁昊

东南大学出版社
SOUTHEAST UNIVERSITY PRESS
·南京·

内容简介

本书以南水北调东线江苏段为研究对象,系统地介绍了复杂水资源系统多目标联合调度的原理和计算方法。分析了研究区内供水水源的来水丰枯组合特性,提出了多水源联合调度引调水成本相对高低的成本递增多情景优化调度方法;建立了结合实时来水水情的启发式调度图,解决了利用实时来水不断调整调度策略以减少调度过程中存在的供水不足问题;构建了多水源模拟优化耦合模型,实现了水资源的精准化配置,在满足远距离输水稳定性要求的同时保证了系统供水的精准性,提高了水资源利用效率。

与同类书相比,本书具有逻辑严谨、细节丰富、实用等特点,旨在对考虑外引水、本地水等多水源条件下的多水源联合调度系统进行深入的研究和探索,通过构建水文过程模拟模型和多水源优化模型,模拟水资源在时空上的分布规律,为研究区水资源的优化配置提供技术支持,以达到高效利用水资源的目的,具有较强的实用性和科学性。本书内容可以为水文、水利、环境、地理等专业的科技人员提供技术参考。

图书在版编目(CIP)数据

河网水动力模型在水资源系统调度中的应用:从理论到实践 / 曹明霖等著. -- 南京:东南大学出版社,2025.3. -- ISBN 978-7-5766-2082-5

Ⅰ. TV213.4

中国国家版本馆 CIP 数据核字第 202518W5V1 号

责任编辑:宋华莉　　责任校对:韩小亮　　封面设计:王玥　　责任印制:周荣虎

河网水动力模型在水资源系统调度中的应用:从理论到实践
Hewang Shuidongli Moxing Zai Shuiziyuan Xitong Diaodu Zhong De Yingyong: Cong Lilun Dao Shijian

著　　者:曹明霖　张　宇　王腊春　张　阳　张　潇　徐丁昊
出版发行:东南大学出版社
出 版 人:白云飞
社　　址:南京四牌楼2号　邮编:210096
网　　址:http://www.seupress.com
经　　销:全国各地新华书店
印　　刷:广东虎彩云印刷有限公司
开　　本:700 mm×1 000 mm　1/16
印　　张:12.5
字　　数:201 千字
版　　次:2025 年 3 月第 1 版
印　　次:2025 年 3 月第 1 次印刷
书　　号:ISBN 978-7-5766-2082-5
定　　价:68.00 元

本社图书若有印装质量问题,请直接与营销部联系。电话:025-83791830。

前言

　　水资源的合理调度和利用成为当前世界各国政府和学术界关注的热点问题。这是因为全球水资源面临着严峻的挑战，包括水污染、水荒、水灾害等问题。据世界卫生组织统计，全球有超过 20 亿人缺乏安全饮用水，近 5 亿人生活在水荒地区，每年有数百万人因水灾害而死亡或受灾。同时，全球水资源的不均衡分布和季节性变化也加剧了水资源的紧张局面。因此，如何合理调度和利用水资源，成为当前世界各国政府和学术界关注的热点问题。为此，各国政府和学术界正在采取一系列措施，包括加强水资源监测和管理、推广水资源节约和循环利用、发展水资源科技创新等，以确保水资源的可持续利用和发展。

　　在中国，水资源的短缺问题尤其突出。我国是世界上水资源最贫乏的国家之一，人均水资源占有量仅为世界平均水平的 1/4。这种贫乏的水资源状况主要是由于我国的地理位置和气候条件所致。我国位于亚洲东部，属干旱半干旱地区，年降水量少，蒸发量大，导致水资源的自然补给不足。同时，我国的水资源分布极不均衡，南方水资源丰富，而北方水资源稀缺。这是由于我国的地形特点和气候差异所致。南方地区多山川湖泊，降水量充沛，水资源丰富；而北方地区则多平原沙漠，降水量稀少，水资源稀缺。这使得我国的水资源调度变得异常复杂，需要科学地规划和调配水资源，以满足我国经济社会的发展需求。跨流域水资源调度是解决我国水资源短缺问题的重要途径之一。跨流域水资源调度是指在不同流域之间调配水资源，以满足不同地区的水资源需求。这种调度方式可以实现水资源的优化配置，提高水资源的利用效率，缓解水资源的供需矛盾。

　　然而，跨流域水资源调度也存在着许多挑战和难题。首先，这种调度模式涉及多个流域和地区，需要考虑到不同地区的水资源需求和供给情况，需要进行复杂的水资源评估和预测，以确保水资源的合理分配和利用。例如，某些地区可能面临着严重的水资源短缺，而其他地区可能拥有充足的水资源，因此需要根据不同地区的需求和供给情况，制订出科学的水资源调度计划。此外，跨流域水资源调度还需要考虑水资源开发和利用的环境和生态影响，避免对生态系统和环境造成不良影响。例如，水资源开发可能会对当地的生态系统和生物多样性造成影响，或者会导致水污染和土壤污染等环境问题。因此，需要对水资源开发和利用的环境和生态影响进行评估和监测，以确保水资源的调度符合环境和生态的要求。最后，跨流域水资源调度还需要考虑到社会和经济因素，确保水资源的调度符合社会和经济发展的需求。例如，水资源调度需要考虑到当地的经济发展水平、人口增长率、工业结构等社会和经济因素，以确保水资源的调度能够满足社会和经济的需求，促进地区的可持续发展。

鉴于跨流域水资源调度在维持区域生态平衡、保障水资源安全、促进经济发展等方面扮演着不可替代的角色，其重要性和复杂性日益凸显。为此，本书将对跨流域水资源调度进行深入的研究和分析，以期更好地理解和掌握跨流域水资源调度的内在机理和规律。我们将从理论和实践两个方面对跨流域水资源调度进行探讨，分析跨流域水资源调度的原理、方法和技术，探索跨流域水资源调度在不同水文气候条件下的适应性和灵活性，并对跨流域水资源调度的应用和发展进行讨论，包括跨流域水资源调度在水文水动力高精度模型、多水源精准化配置、多水源模拟优化耦合模型等方面的应用前景和挑战。本书的研究和分析，旨在为跨流域水资源调度的理论和实践提供有价值的参考和借鉴，为水资源管理和保护的发展做出自己的一份贡献。

我们希望通过本书的出版，能够为跨流域水资源调度的研究和实践提供有价值的参考和借鉴。由于笔者知识的局限，书中错误和遗漏在所难免，敬请读者谅解。

著者

2024 年 5 月 7 日

目 录

第1章 绪论 ··· 001
  1.1 研究背景与意义 ·· 003
  1.2 国内外研究进展 ·· 005
    1.2.1 丰枯遭遇研究现状 ·································· 005
    1.2.2 多水源多目标联合优化调度研究进展 ········· 007
    1.2.3 基于调度规则的研究现状 ························ 010
    1.2.4 基于跨流域调水情形下的水库群优化调度研究 ····· 012
  1.3 研究内容与总体框架 ······································· 014
    1.3.1 研究内容 ··· 014
    1.3.2 总体框架 ··· 017

第2章 南水北调东线江苏段水资源丰枯特性分析 ············ 019
  2.1 研究区概况 ·· 022
    2.1.1 研究区范围 ·· 022
    2.1.2 分区及水系 ·· 023
    2.1.3 调水工程 ··· 026
  2.2 来水丰枯特性定性分析 ···································· 029
    2.2.1 入湖径流系列双 Y 轴坐标图丰枯特征分析 ····· 029
    2.2.2 入湖径流系列丰、枯水年组组合特性分析 ····· 030
  2.3 入湖径流丰枯特性定量分析 ····························· 035
    2.3.1 经验频率法分析 ···································· 035

  2.3.2 Copula 函数法分析 ······ 038
 2.4 小结 ······ 045

第3章 多情景优化调度模型构建及供需平衡优化分析 ······ 047
 3.1 系统概化 ······ 050
 3.2 优化模型 ······ 054
  3.2.1 目标函数 ······ 055
  3.2.2 约束条件 ······ 056
 3.3 多情景设置及模型转化 ······ 057
 3.4 计算结果 ······ 059
  3.4.1 多情景下水量供需平衡结果 ······ 059
  3.4.2 协议引水量变化情景下的水量供需平衡结果 ······ 066
 3.5 小结 ······ 068

第4章 结合实时来水水情的供水水库群启发式联合优化调度图研究 ······ 071
 4.1 两湖联合优化调度图的概念模型 ······ 073
 4.2 改进调度图的求解 ······ 076
  4.2.1 初始调度图的确定 ······ 076
  4.2.2 优化方法 ······ 078
 4.3 改进调度图合理性验证 ······ 082
  4.3.1 定性分析 ······ 083
  4.3.2 定量分析 ······ 084
 4.4 小结 ······ 097

第5章 基于多水源模拟优化耦合的水资源精准化配置 ······ 099
 5.1 基于数字河网的水文水动力模型 ······ 102
  5.1.1 平原河网区水资源系统概化与拓扑建模 ······ 102

5.1.2　平原河网区水文模型的构建 …………………………………… 104
　　　5.1.3　河网水动力模型的构建 ………………………………………… 110
　　　5.1.4　模型的合理性检验 ……………………………………………… 116
　5.2　基于宏观与精准化耦合模型的多层次分析调控方法 ………… 122
　　　5.2.1　优化层次 ………………………………………………………… 124
　　　5.2.2　模拟层次 ………………………………………………………… 124
　　　5.2.3　模拟层次微观修正 ……………………………………………… 125
　5.3　基于经验调度和优化调度下的模型结果对比与分析 ………… 126
　　　5.3.1　总体分析 ………………………………………………………… 126
　　　5.3.2　不同用户类型分析 ……………………………………………… 130
　　　5.3.3　典型区域供需分析 ……………………………………………… 137
　　　5.3.4　缺水情况分析 …………………………………………………… 139
　5.4　水资源调度、配置与管理信息系统集成 ……………………… 147
　　　5.4.1　总体设计 ………………………………………………………… 147
　　　5.4.2　水资源调度数据库设计 ………………………………………… 152
　　　5.4.3　模型功能实现 …………………………………………………… 164

第6章　总结与创新 ……………………………………………………… 171

　6.1　总结 ……………………………………………………………… 173
　6.2　创新 ……………………………………………………………… 176
　6.3　展望 ……………………………………………………………… 178

参考文献 …………………………………………………………………… 181

后记 ………………………………………………………………………… 191

第 1 章

绪 论

第1章 绪 论

1.1 研究背景与意义

水资源作为一种可资利用或有可能被利用的自然资源,满足某一地方在一段时间内具体利用的需求,是赖以生存环境的重要组成部分,其综合效益是其他任何资源无法替代的,是社会进步以及可持续发展的重要保证[1-3]。国内人均可利用水资源量较少,大约仅占全球均值的1/4,在时间和空间上的分布也极不均匀。受季风气候的影响,我国大部分地区降雨和径流年内年际变化很大,枯水年和丰水年连续发生。受海陆位置、水汽来源、地形地貌等因素的影响,我国水资源在空间上呈现东南沿海向西北内陆递减的总趋势[4]。水资源时间和空间的分布与国内社会经济发展水平的不相适应,使得部分地区水资源紧缺的问题更加严峻。伴随着社会的发展,水资源时空分布不均与人类社会、经济、环境等用水需求不一致的事实已经成为制约社会经济可持续发展和科学进步的重要瓶颈[5-7]。为了解决面临的水资源紧缺问题,人们通过兴建水库、闸站等水利工程来调整水资源的时空分布,以满足社会、经济、环境等用水需求。截至2020年,全国已建成各类水库98 566座(总库容约为9 306亿m^3),主要包括大型水库774座,对应库容约为7 410亿m^3,占比约为79.6%;中型水库4 098座,对应库容约为1 179亿m^3,占比约为12.7%[8]。随着水库数量的增多,传统的单一水库运行模式已经很难适应目前的优化调度要求了,为了更加有效地利用蓄水工程,水库群联合调度逐渐兴起。从更广的范围进行研究,对于资源型缺水情况,仅依靠本流域内水资源的开发利用不能有效缓解水资源的供需矛盾,甚至引发更大的供水危机,为了缓解水资源不足的情况,把水资源量相对富裕流域的多余的水资源通过调水工程调入缺水地区利用[9-11]。利用跨流域引(调)水实现水资源时间再分配,已经成为国内缓解干旱缺水区域水资源供需矛盾的重要途径[12-13]。

　　随着水利工程的不断建设,如何让供水水库群发挥应有的效益,实现跨流域水资源的合理配置,一直是学界研究的热点,同时是生产实际关注的焦点[14-15]。与常规水库群调度相比,跨流域调水过程存在诸多困难之处:综合研究多流域、多目标的水库群联合调度与单一流域的水库群联合调度相比,调度需要考虑的变量更加复杂,优化调度中产生的维数灾问题将更为突出。实施跨流域引水后,受水水库群除承担原有的供水任务外,还担负对调入水量的调节任务,水库群联合调度的调度规则更加复杂,需要将引水决策考虑到调度规则中。因此,实现跨流域调水情形下水库群的高效运行、水资源的合理配置,具有重要的理论意义和实际应用价值。

　　本书以南水北调东线江苏段为研究对象,旨在对考虑外引水、本地水等多水源条件下的洪泽湖—骆马湖—南水北调—江水北调联合调度系统进行深入的研究和探索。通过构建水文过程模拟模型和多水源优化模型,模拟水资源在时空上的分布规律,并且利用宏观与精准化耦合模型的多层次分析调控优化技术,实现水资源精准化配置,最终提取适合的闸、站调度方案,为研究区水资源的优化配置提供技术支持,以达到高效利用水资源的目的。

1.2 国内外研究进展

1.2.1 丰枯遭遇研究现状

不同水文区是否存在丰枯遭遇,通常情况下需要进行不同水文要素间的相关性计算,也可以利用确定典型年来分析。以上分析方式仅可简单描述研究区是否存在丰枯遭遇,不能从数值上准确衡量遭遇程度。多元变量联合概率分布的分析求解,是不同地区水文要素丰枯遭遇的概率计算的本质核心[16]。诸多学者针对上述问题进行了深入研究,实践并开发了经验频率分析、降维计算法、非参数方法以及多元变量联合概率分布函数计算等几种计算途径(表 1-1)。

表 1-1 丰枯遭遇不同计算方法的优缺点比较

计算方法	优点	缺点
经验频率统计法	简单便捷	在资料系列较短时应用效果较差
降维计算法	通过降维方式来降低问题复杂度	方法有效性和无偏性较差
非参数方法	结果能够较好的描述和刻画样本规律	计算结果虽然正确,但精度相对要低于参数法
多元变量联合概率分布函数法	计算理论相对完善	计算相对困难,目前还处在理论研究阶

频率统计分析是最早应用于分析丰枯遭遇特性的计算方法,其应用较为广泛。如李其梁等[17]通过统计洪泽湖与骆马湖径流丰枯遭遇频率来验证两者丰枯遭遇不同步的情况;康玲等[18]通过对南水北调中线沿线不同地区进行丰枯遭遇的特征分析来验证其调水的合理性;黄星[19]利用经验频率法和其他频率方法分析了新疆和田河不同水文区年径流的同步

性特征,并且比较了不同方法的应用效果。结论如下:经验频率法原理简单且理论较为成熟,但应用时限制要求较多,资料不完整时计算结果较为糟糕,因此通常针对较为完善的数据系列使用。

降维计算法是将高维度变量转变成低维度变量进行概率计算,通过降维方式来降低问题复杂度以实现高效和简化计算。该方法[20]由费永法于1989年首次提出。戴昌军[21]在南水北调东线丰枯遭遇的多维联合分布计算中,利用该方法计算不同水系之间的丰枯遭遇概率,然而其概率值唯一性较差,因为该方法在计算丰枯异步时无法直接求解需要转换变量,转换后数据系列需进行再计算,相应最终数值会出现显著的变化。因此该方法适用性较差,特别是针对丰枯不同步的计算有效性和无偏性较差。

我们也可以采用非参数方法对多变量联合概率分布进行计算,该方法应用范围较广而且能够较为准确地反映水文资料的分布规律[22-23]。董洁等[24]将非参数法应用在洪水频率分析领域以解决洪水频率曲线的外延问题,并与参数法的拟合效果进行对比分析,取得了较好的应用效果。闫宝伟等[25]分析了非参数法的统计性能,能够利用统计信息直接确定概率分布类型,避免了人为选择分布时的误差。非参数法虽然具有适应面较广、可靠性较强、稳健性较好等优点,但无法从全局层面上利用数据系列,因此结果有时会具有片面性,准确性不能完全保证[26]。

多元变量联合概率分布函数的推求中,二维正态分布模型目前理论较为完善且应用较多[27],然而由于径流资料系列的边缘分布大都是偏态的,该模型很难应用在本书研究上。正态变换法[28]通过改进正态的近似程度来实现其在径流系列上的应用,但是该方法需要假设各变量服从正态分布,这往往与实际不符导致计算结果存在一定误差。偏态变量联合概率[29]的出现解决了这一问题,然而其要求量边缘分布相同,这往往与径流资料系列的实际边际分布特征不相符。近年来,Copula 理论的发展为此类问题的解决提供了更多的思路。该理论研究起源于 Sklar[29],后来经过诸多学者的不断完善和应用,目前 Copula 理论在水文领域应用较为广泛，主要用于各类概率分析计算[30-33]。闫宝伟等[34]分析了Copula函数在水文计算上的适用性，发现不同Copula函数在不同随机变量的应用效果存在显著差异，仅仅依靠一种Copula函数往往不能有效的反映长系列径流资料各个阶段的丰枯遭遇规律。因此有必要寻找一种能够反映径流系列各阶段分布特征的混合Copula函数[35]，使其能够完全反映径流系列各阶段的丰枯遭遇规律，该混合函数求解较为复杂且随机性强，需进行更为深刻的科学研究。

1.2.2 多水源多目标联合优化调度研究进展

进入21世纪以来，随着大批水库的建成和投入使用，传统的单一水库运行调度模式已经无法适应目前复杂水资源系统联合优化调度的要求，为了从更大范围内合理调度水资源，与节能发电以及洪水资源化的社会热点相呼应，开展水库群优化调度具有较为深刻的理论和现实意义。近年来，计算机技术高速发展以及大系统理论逐步成熟，随着计算机软硬件技术的飞速发展以及大系统决策科学理论的日益完善，复杂计算条件下的库群联合优化调度系统的开发与应用已经成为现实。过去简单的串、并联库群调度计算理论已经较为成熟，并不断实现向大规模的混联水库群调度模型的转变，然而研究过程中增加了研究对象的复杂性，使优化调度极易产生维数灾的问题。目标的考虑从简单的发电、防洪等单独优化调度逐渐转向发电、供水、防洪以及生态等多目标联合优化调度。因此目前的研究的重点和热点在复杂水资源系统的降维处理以及多目标联合优化计算[36-39]。

国外关于水库群优化调度的研究早于国内且更为成熟。1953年，美国陆军工程师团将水资源系统模拟模型应用在密西西比河支流密苏里河上6座水库的发电联合调度上，是最早的水资源系统模拟模型。之后诸多学者对该调度模型进行了更为深刻的研究并逐步完善。Dantzig等[40]提出了大系统分解协调方法，该方法将复杂系统分解成若干简单子系统分别实现局部最优化，然后协调系统总目标与各个子系统之间的联系从而实现全局最优化,由于水资源系统本身具有高维性、关联复杂性、多目标性等特点,从而使系统分解协调方法迅速成为解决复杂水资源问题的有效途径之一。Turgeon[41]随后对该方法作了改进,大大增强了其在处理水库群优化调度问题上的适应性。在这之后诸多学者针对水库群联合调度优化模型,提出了梯度动态规划(Gradient Dynamic Programming, GDP)算法[42]、贝叶斯随机动态规划(Bayesian Stochastic Dynamic Programming, BSDP)方法[43]等基于大系统决策的计算方法,有效地减少由于水库数目增加造成的维数灾问题以及调度决策的精度问题。20世纪90年代以来,智能计算技术逐步应用在水库群优化调度中并取得了较好的应用效果。Oliveira等[44]应用遗传算法生成水库群系统的调度规则,该方法大大降低了系统的复杂性,有效地避免了复杂系统维数灾的产生。Ostadrahimi等[45]基于改进的多群粒子群优化(Multi Sub-swarms Particle Swarm Optimization, MSPSO)算法提取哥伦比亚河流域上的三座水库的联合优化调度规则,运用该调度规则在实际运行中取得了较好的结果。Abdollahi等[46]将人工生命算法应用在多水库群优化调度上,取得了较好的优化调度结果。

我国对水库群优化调度的研究从20世纪80年代开始,到目前为止已经发展到了一个比较成熟的阶段。张勇传等[47]将柘溪、凤滩两水电站组成的水库系统作为一个马尔科夫决策链模型来处理,对于两个水力联系不强的水库分别进行单库优化来处理,在单库最优策略的基础上协调两库调度策略达到系统最优。鲁子林[48]用网络模型中最小费用流模拟水库群优化调度,并且用逆境法来求解,该算法应用在红水河梯级水库群的优化调度中取得了很好的效果。董子敖等[49]针对多水库、多目标的优化调度中存在的计算量较大、易产生维数灾等问题,提出了一种通过将复杂的多目标多库群简化为单目标单库的分层优化方法,通过改变约束法与权系数法、动态规划逐次渐进法以及大系统分解协调可行法逐个解决子问题。王世定等[50]基于大系统优化理论提出了求解水库群优化调度的一种新方法——网格规划分解协调(Network Programming-Decomposed

Coordinate，NP-DC)法,该方法适用于调度情形较为复杂的水库群优化计算且计算结果较为合理准确。王本德等[51]将传统优化调度理论与模糊集合理论有机结合起来,并针对水库群实际调度的特点,以丰满—白山梯级水库为例建立了梯级水库群洪水调度决策的模糊优选模型。21世纪以来,随着智能技术的逐渐完善,其在水库群优化调度中的应用越来越广泛。徐刚等[52]利用蚂蚁群体相互协作机制提出了蚁群算法,较好的缓解了传统算法在调度对象增加时存在的维数灾问题;随后林剑艺等[53]针对蚁群算法存在的收敛速度较慢等问题,提出了改进的蚁群算法,以漫湾—大朝山梯级水电站优化调度为研究对象,在大系统多目标多尺度优化决策问题中得到了较好的应用。邓显羽等[54]基于粒子群算法建立水库群联合供水优化调度模型,并以余姚市陆埠梁辉水库群为例进行应用研究,结果表明该模型能更好地发挥库群的综合效益,科学可行。纪昌明等[55]结合克隆选择算法和蛙跳算法,提出了一种免疫蛙跳算法(Immune-Shuffled Frog Leaping Algorithm，ISFLA),并通过梯级水库群优化调度计算验证了该算法的可行性与高效性,为解决大系统多目标水库调度决策提供了一种新的智能算法。李文莉等[56]针对大系统水库群调度易出现维数灾或陷入局部最优解的情况,提出了人工蜂群算法,该方法提高了全局搜索能力使得计算结果更为准确,为智能算法解决复杂水库优化问题提供了新的思路。

对于跨区域联合调水系统,单纯考虑水量分配为目标的研究已经趋进成熟。随着调水工程的规模扩大(如南水北调工程),跨流域远距离调水中产生的成本问题已经无法忽视,此时供水保证率作为目标进行水库调度已经远不能实现优化调度,基于引水边际效益以及供水保证率的多目标分析方法需要被考虑在多水源联合优化问题之中[57-60]。国内外诸多学者对此进展开诸多研究,Harou[61]评估了水资源系统和与之相关的经济活动之间的联系,在此基础上进一步考虑了水资源的经济价值计算,以实现基于最佳社会经济效益的水资源的高效分配;Zhang等[62]综合考虑受水水库的供水效益与引水成本,在此基础上构建了跨流域调水系统调度模型，并利用该模型计算得出了兼顾供水成本和边际效益的最优调水策略。基于国民经济效益最优的建模研究中常涉及调水成本的核算，这不仅需要考虑水利工程建设成本、运行成本等因素，还需综合考虑引水对引出区造成的生态环境影响及其余涉水服务目标损失的补偿成本，往往难以进行准确率定。针对上述问题，有必要针对经济效益最大化的多水源联合优化问题提供一种新的建模、分析思路。（表1-2）。

表 1-2 经济效益最大化的多水源联合优化研究进展

时间	作者	期刊（书籍）	研究内容
1991	Draper and Lund	Water Resource Research	调水成本函数首次应用
2011	You and Cai	Water Resource Research	基于成本优化函数数值解析
2012	Shiau	Water Resource Research	基于调度成本函数实际应用
2019	张驰	水科学进展	国内开始重视调度成本应用

1.2.3 基于调度规则的研究现状

水库实际调度运行均要遵循既定的调度规则，通常情况下以可供水量、输水过程中工程能力限制、调水目的为决策执行依据来指导水库实际如何调度[63]。对于具体水库运行管理职权的部门，调度的目标是通过调水方案最大程度获得满足目标的最优解。因此如何从优化调度结果中提炼调度规律，整理并且在实践中加以应用，具有重要的理论价值和社会意义[64-65]。

对于水库的调度规则，目前大体可分为调度图（表1-3）以及调度函数两种体现形式。调度函数是指从调度结果中总结并提炼调度规律，通过函数形式加以体现，其实现方式主要有统计回归以及数据挖掘。针对调度函数的研究源于20世纪70年代[66]，如何中政[67]、周研来等[68]、Chen等[69]开展了库群优化调度函数的相关研究，取得了丰硕的研究成果。该方法往往以数学公式为基础，调度指令较为明确，但是当调度水库数量增加时,此时函数往往无法较好地反映水库群之间的联合调度[70-71]。

表1-3 调度图研究进展

时间	作者	期刊(书籍)	研究内容
1971	Tu et al.	Journal of Hydraulic Engineering	系统介绍并且应用了调度图这种调度模式
2011	郭旭宁	水利学报	构建虚拟聚合水库编制联合调度图
2014	彭勇	水利学报	利用算法极大程度的提高调度图求解速度以及精度
2015	彭勇	水利学报	水库联合调度图中设置补水控制线

水库调度图是生产实践中比较常见的一种调度方式,该方法理论简单直接且使用较为方便,因此在生产实践中应用较为广泛。基于调度图的实际应用相对较多,如李智录等[72]利用逐步计算法绘制调度图,并在灌溉水库群常规调度中取得了较好的应用效果;崔瀚哲等[73]计算与绘制了综合考虑灌溉、供水等目标的多级兴利调度图,对水库调度图的常规模式进行了进一步的细化和完善。然而常规调度图简单、实用,但由于其计算较为简单,对于变量和约束条件也要求甚少,只能保证计算结果的合理性,因此无法实现全局最优解[74]。随着计算机的不断发展,基于优化技术绘制调度图的计算模式得到广泛应用和发展、成熟,优化理论和启发式算法逐步被引入到水库调度图的研究中来。如Yu等[75]、Zong-Li等[76]分别运用蚁群算法、遗传算法对水库优化调度图进行了研究。除了单一水库优化调度图的研究外,水库群联合优化调度图也逐渐被使用并在生产实际中取得了较好的应用效果。如郭旭宁等[77]利用重组复合形演化(Shuffled Complex Evolution-University of Arizona,SCE-UA)算法研究了二维水库调度图的绘制,较好地实现了供水任务的合理分配;郭荣等[78]利用飞蛾火焰优化(Moth-Flame Optimization,MFO)算法研究了梯级水库群优化调度图的编制,该算法具有较好的全局极值寻优能力,计算结果有效可行。近些年来,伴随着社会经济的发展,调度图也不仅仅以

供水为单一目标,逐步向多目标领域延伸,相关研究也逐渐增多[79-80]。

目前针对来水已知的水库确定性优化调度理论已经较为成熟,但是实际运行调度中,由于径流预报精度的限制并不能保证水库来水确定可知。针对实时来水未可知的情况,利用调度图来指导供水水库实际运行是目前生产单位较为普遍的方法。调度图具有操作简单直观、物理意义明确等优点,因此在实际生产中是指导生产、获取合理调度方式的一种快捷、有效的途径。然而采用调度图制定调度方案时存在的主要问题有没有考虑实时来水、适用性较差(特别是水库群调度)、难以达到全局最优等,本书通过改进现有的优化模型和计算方法,提出更为适应复杂调度情况的优化调度图。

1.2.4 基于跨流域调水情形下的水库群优化调度研究

跨流域调水一般是指在两个或两个以上水资源系统之间通过补偿调度所进行的空间上的水资源分配。跨流域调水系统一般情况下拓扑结构比较复杂,涉及的流域和水库较多,因此针对该系统的研究一般侧重于系统结构的简化处理,然而过度的概化使得模型不能准确描述水资源在各类水循环中的动态变化过程,无法从更深层次实现水资源的精准化配置。因此如何在传统的闸站调度模式下,引入多水源优化机制,在满足河道远距离输水过程中的稳定性要求的同时完成系统的输水任务,对实际调度具有较好的指导作用,是目前国内外诸多学者研究的重点问题。

国外对于跨流域调水研究较多,Jain 等[81]对印度 4 个流域 13 个水库的跨流域调水工程进行研究,通过开采地下水以及跨流域调水等工程措施缓解研究区域内的缺水情况。Rey 等[82]建立降雨预报条件下的跨流域调度模型,以当前时段的水库蓄水量以及降雨预报信息为决策变量,采用决策树的方法制定相应的调度规则,该方法与传统优化调度方法相比提高了整个调度系统的水资源利用率。Gurung 等[83]针对跨流域调度存在复杂拓扑结构以及非线性特点,采用并行粒子群算法计算该系统条件下的调水规则以及节制供水规则,与传统方法得到的调度规则相比提高了调水的有效性。

最近十几年,我国专家学者也对此做了许多研究。卢华友等[84]以南水北调为背景建立了基于多维动态规划和模拟技术相结合的大系统分解协调实时调度模型,该模型调度运行结果合理可行。任保华等[85]基于二次规划建立了跨区域调水总量分配模型,对南水北调的实际情况进行模拟计算,可以得到该模型不仅可以用于区域间调水的优化控制,而且还可应用到其他水资源分配与管理。王国利等[86]针对多目标调度中各目标侧重点不一致的情况,引入协商机制来均衡调度方案中目标的权重,该方法应用在"引细入汤"工程上取得了颇佳的成果。郭旭宁等[87]建立了专门针对主从递阶结构的跨流域水库群联合调度模型,利用改进粒子群算法获取了相应的调度规则,以中国北方某大型跨流域调水工程为实例证明了模型的合理性与有效性。彭安帮等[88]针对跨流域调水条件下大规模复杂水库群优化调度的计算效率较低以及求解精度较差等问题,采用并行粒子群优化(Particle Swarm Optimization,PSO)算法进行联合调度图模型的多核并行求解,通过实例表明,该算法是解决大规模复杂水库群优化调度的高效实用的方法。Wan等[89]针对多水源、多用户的跨流域水库群供水联合优化调度问题,建立水库群供水系统聚合分解协调模型并利用免疫进化粒子群(Improved Particle Swarm Optimization,IPSO)算法对供水策略进行优化计算,以滦河流域水库群为例,证明了该模型对提高水资源利用率具有重要的理论意义和应用前景。

由于计算机技术和模型理论的限制,目前基于跨流域调水情形下的水库群优化调度研究通常是将复杂水资源系统高度概化后再进行拓扑建模,利用数学方程将各计算节点间的水利联系进行数字化(表1-4)。这种单纯利用代数方程的模型构建方式虽然降低了模型构建和分析的难度,但是是以模型的精准化程度为代价,即不能有效地模拟并实现水资源系统的优化运行[90-94]。水资源模拟模型由于其涉及变量较多,难用代数方程表示,如果单纯机械地将模拟模型代入优化模型计算极易产生维数灾等问题[95-98]。此时需要对水资源模拟模型进行降维,在基础上利用合适的优化算法进行计算。如何在满足河道远距离输水过程中的稳定性要求的同时完成系统的输水任务,实现水资源模拟优化耦合模型的构建,是实际调度中需要考虑的重要问题[99-102]。

表 1-4 优化模型研究进展

时间	作者	期刊(书籍)	研究内容
1956	Clark E J	Journal of the American Water Works Association	供水优化概念的提出
1984	Bower B T	Harvard University Press	优化模型应用至实际调度中
1997	Nalbantis	Water Resource Research	模拟优化模型的提出
2011	侍翰生	水利学报	国内南水北调工程中应用模拟优化

1.3 研究内容与总体框架

1.3.1 研究内容

跨流域多水源多目标联合调度决策精准至水利工程集群响应(闸站调度)时,由于涉及控制变量及约束条件较多,此时需要构建模拟与优化耦合模型[103-105]来实现精准化描述水资源系统的动态运行过程。针对多水源模拟优化耦合模型存在的诸多问题,本书以南水北调东线江苏段为研究对象,重点从多水源多目标联合调度的可行性分析和精准化耦合水资源调度决策两个方面展开研究,又具体包含优化调度模型建立及求解、启发式调度图的构建以及模拟优化模型建立等研究内容。全书结构安排及研究内容见图 1-1。

(1) 供水水源丰枯组合特性分析

从定性、定量两个角度分析研究区内供水水源(洪泽湖、骆马湖)的来水丰枯组合特性,阐明了进行两湖(洪泽湖、骆马湖)联合调度的切实性和

第 1 章 绪 论

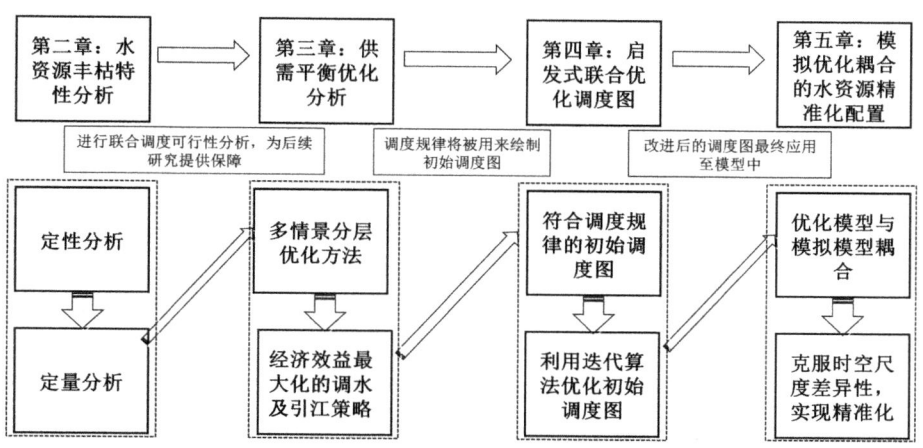

图 1-1 本书结构安排及研究内容

必要性。利用双 Y 轴坐标作图法和距平脉冲图法描述了两湖年入湖径流(简称"两湖径流")是否存在丰枯遭遇的客观规律,其中前者用于分析年与年的丰枯遭遇特征,而后者用于分析丰枯年组(连续丰水年组、连续枯水年组);利用经验频率法、多组合形式的 Copula 函数法计算两湖径流的丰枯组合概率值并对计算结果进行总结归纳,重点针对 Copula 函数法的应用进行详细分析和阐述。

(2) 多情景优化调度模型构建及供需平衡优化分析

目前针对跨流域的远距离调度模式中存在的成本问题已经不容忽视,含跨流域调水的多水源系统联合优化调度需要协调增加供水效益与降低供水成本的矛盾。然而实际调水过程中产生的成本往往难以进行准确的估算,因此有必要提出一种能够规避直接计算供水成本优化调度方法。

本书针对上述问题提出多水源水库群供水联合调度多情景分层优化方法。该方法基于跨区域调水成本高于当地水源工程运行成本等基本原则,将供水按成本高低分为跨区域调水、区域内调水、本地水供水,选择不同供水方式的组合进行多情景供水效益分析,以降低系统总缺水率为优化目标,以限定外调水量为约束,综合考虑不同水源调度成本差异构建逐步启用外调水供给,经模型计算得出考虑供水成本且行之有效的多水源调度策略。

(3) 结合实时来水水情的供水水库群启发式联合优化调度图研究

目前针对来水已知的水库确定性优化调度理论已经较为成熟,调度图具有操作简单直观、物理意义明确等优点,因此在实际生产中是指导生产、获取合理调度方式的一种快捷、有效的途径。然而采用调度图制定调度方案时存在没有实时来水、适用性较差以及难以达到全局最优等一些不可避免的缺点。

本书提出结合实时来水水情的启发式调度图,该调度图以时段可供水量作为决策指示变量,相比于蓄水量作为决策指示变量的调度图,不仅能够保留传统调度图操作简单直观、物理意义明确等优点,还能够更有效地利用实时来水不断调整调度策略以减少调度过程中存在的供水不足问题,对于实际调度工作意义十分显著。此外,研究区水系复杂、水工程群较为集中,为了更好地考虑南水北调受水区水库群之间的联合调度问题,本书增加调水控制线作为洪泽湖、骆马湖的相机补水以及引江济湖的启动条件,与原有的供水控制线共同组成供水水库群联合优化调度图。首先推求洪泽湖、骆马湖的初始调度图,再利用基于轮库迭代法、轮线迭代法以及逐次优化算法计算得到两湖的联合优化调度图,为研究区的水资源系统工程实际运行提供较为可靠的调度方式。

(4) 基于多水源模拟优化耦合的水资源精准化配置

目前针对水资源优化配置的研究一般是将水资源系统进行高度的概化,抽象成一个或者多个代数方程来建立模型并且进行求解,这种解决思路极大地降低了研究的复杂程度,但也在一定程度上忽略了水资源系统的动态过程,不能够有效的模拟研究区的水资源运行状态。

本书以多水源优化为研究目标,构建水资源精准化模拟优化耦合模型。克服水资源优化模型以及模拟模型时空尺度上的差异性,使得两个模型中的水文参数可以互相转化,以便在两个模型中作为公共变量直接使用,通过优化调度预案—实时调度—修正反馈—重新优化调度的反馈、循环过程,真正意义上实现基于多水源模拟优化耦合的水资源精准化配置。

(5) 总结与创新

提炼本书主要内容,总结研究成果并且阐明创新之处。

1.3.2 总体框架

开展多水源联合调度需要回答三个基本问题:一是能否开展联合调度,即联合调度的可行性;二是如何进行联合调度,即多水源联合优化调度决策;三是调度方案具体实施措施,即如何制定闸站实际运行方案(图 1-2)。

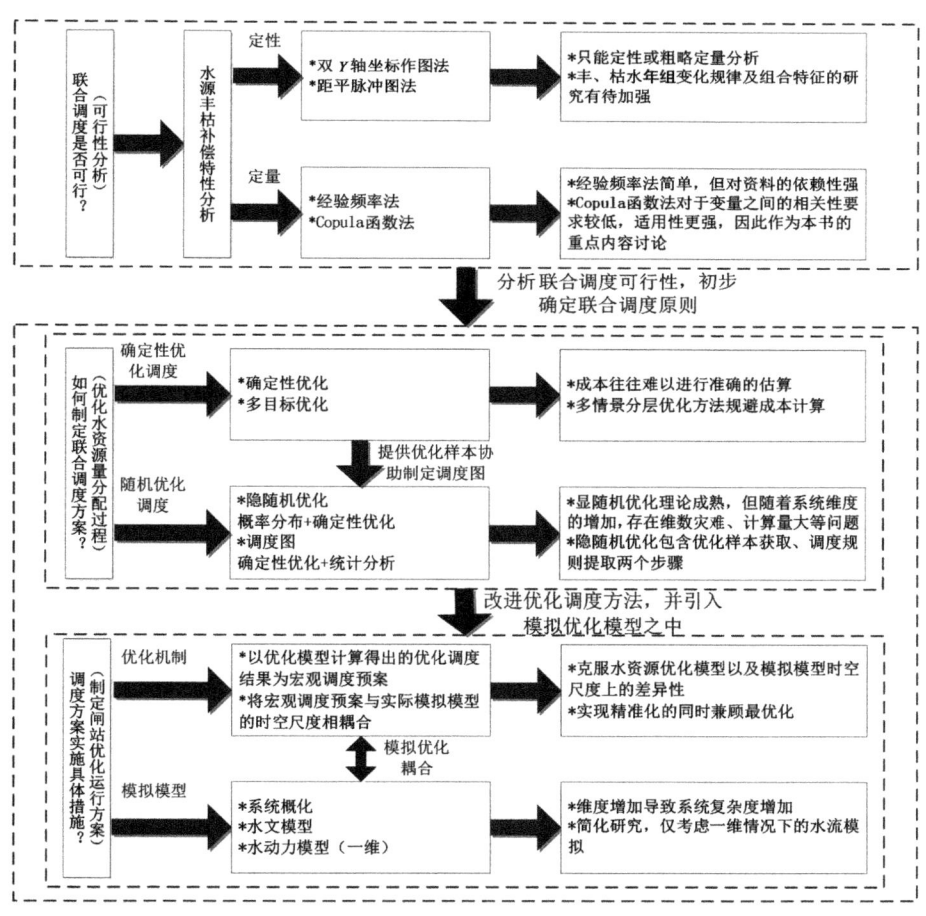

图 1-2 本书总体框架

联合调度要求水源之间具有丰枯补偿特性,可从这个角度对联合调度的可行性进行分析。经验频率法简单便捷,但对资料的依赖性大;联合概率分布函数法的分析求解要求变量间具有线性关系和相同的边际分布,这往往是不符合实际的。Copula 函数的出现很好地解决了这一问题,因此本书重点引入 Copula 函数进行定量分析。优化调度分为确定性和随机性两类。确定性优化调度方法的典型代表有数学规划法、智能算法等,该类方法较为成熟,但依赖较高精度的中长期径流预报,因此限制了该类方法的广泛应用。随机优化又分为显随机优化和隐随机优化:显随机优化以概率分布的方式刻画径流的随机特性,方法成熟,但随着系统维度的增加存在维数灾难、计算量大等问题;隐随机优化通过确定性优化模型获取长系列优化样本,采用统计分析方法提炼优化调度规则。考虑到各类方法的优缺点以及使用的便捷性,本书选择隐随机调度中的优化调度图形式进行优化调度方法的分析和改进。

本书在优化调度的基础上,将河网水动力学与水资源优化调度技术相结合,建立基于闸站调度的模拟优化模型,提出科学的闸站调度方案,以解决远距离调水工程中存在的供水以及调水量之间的分配问题。

第 2 章

南水北调东线江苏段水资源丰枯特性分析

研究区以南水北调东线江苏段为研究对象，以洪泽湖、骆马湖为主要调蓄水源，以平原河网为输水线路，构成连接长江、淮河和沂沭泗水系的洪泽湖—骆马湖—南水北调工程群的跨流域远距离水资源调度体系。通过资料收集、文献查阅和实地调研等方式，对长江、淮河、沂沭泗三大水系的来水特性进行系统分析和规律总结。

两湖（指洪泽湖、骆马湖）来水丰枯不同步时是实现两湖联合调度的前提条件，相应的异步程度决定了两湖相机补水、抽引江水的时机和水量；两湖来水同时遭遇枯水年份是引江补湖、引江供水的前提条件，相应的干枯程度决定了补湖、缓解干旱状况的时机和水量。因此进行两湖年入湖径流（简称"两湖径流"）丰枯遭遇规律的研究非常必要。本书从定性、定量两个角度分析研究区内两湖的来水丰枯组合规律，阐明了进行两湖联合调度的切实性和必要性。利用双 Y 轴坐标作图法和距平脉冲图法描述了两湖径流是否存在丰枯遭遇的客观规律，其中前者用于分析年与年的丰枯遭遇特征，而后者用于分析丰枯年组（连续丰水年组、连续枯水年组）；利用经验频率法、多组合形式的 Copula 函数法计算两湖径流的丰枯组合频率并对计算结果进行总结归纳，本书重点针对 Copula 函数法的应用进行分析和论证。经验频率法原理简单，但是对资料完整性要求较高，因此该方法适用性较差，仅适合资料相对较为完整的地区使用；而 Copula 函数法在分析两湖径流的联合概率分布特征时具有较强的灵活性，能有效应用于具有不同边际分布的多元变量之中，适用性较强。

2.1 研究区概况

研究区作为复杂水资源系统,其主要表现在供用水网络结构较为复杂。研究区供用水网络结构主要包括供水节点、受水节点以及输水通道,其中供水节点主要由淮水系、沂沭泗水系、长江水系(也可以分为本地水和外调水)共同构成,研究区供水节点较多,且随气象过程的变化而呈现出随机性,因此供水节点在数量和变化上都呈现出复杂性;受水节点由供水用户组成,可按行政分区、水资源分区、梯级分区等分别进行统计,在精度上可以统计至供水口门和泵站一级,因此用户节点也呈现多样性和复杂性;至于输水通道,研究区地处平原河网地区,河网密布且连通性较强,河道内水流变化呈现高度的复杂性。以研究区为对象进行复杂水资源系统联合调度研究,实现区域内水资源供需平衡,具有较为可靠的典型性和代表性。

2.1.1 研究区范围

研究区范围自南水北调东线总抽水口开始,途经大运河沿线江苏受水区,介于经度 117°57′—119°34′、纬度 32°27′—34°50′之间。

研究区位于长江以及淮河下游,东面靠近黄海、西面连接安徽、北部临近山东、南部以江苏省扬州市起点。途经徐州市、淮安市、扬州市、宿迁市以及连云港市,除扬州市外,其余市区的所有辖区均包括其中。扬州市内范围包括沿运河、总渠的自流灌区,其中主要涉及江都市、高邮市、宝应县。研究区内供水工程主要包括南水北调东线工程、洪泽湖、骆马湖,以及区域内作为输水通道的平原河网,共同组成连通长江水系、淮河水系以及沂沭泗水系的洪泽湖—骆马湖—南水北调工程群水资源调度系统。研究区目前拥有人口约为 2 400 多万人,总面积约为 43 143 km²,其中包括城镇道路建设用地、水面、水田用地以及旱地用地,面积分别为

$1371 km^2$、$5906 km^2$、$8522 km^2$、$27344 km^2$。整个研究区旱地面积占研究区的比重最大,城镇道路建设用地所占比重最小。

研究区内河网具有数量较多且连通性较强等特点,因此河网可以作为区域内各水源与水源、水源与用户之间的天然输水通道,与南水北调东线工程(江苏段)共同组成连通长江、淮河以及沂沭泗水系的水资源调度系统。洪泽湖、骆马湖作为研究区域内重要的调蓄水库,承担着主要的供水任务,制定有效的两湖联合优化调度策略对于研究区水资源高效利用十分必要。洪泽湖、骆马湖的天然来水分别源自沂沭泗水系和淮河水系,两湖产流区水文气象条件不完全同步,当发生丰枯遭遇时,洪泽湖、骆马湖之间可通过徐洪河、大运河两条线路双向相机互补水,其中徐洪河线包括泗洪(闸)站、睢宁(闸)站、邳州(闸)站,运河线包括泗阳(闸)站、刘老涧(闸)站、皂河(闸)站。洪泽湖向骆马湖输水由于地势由低向高需要泵站逐级抽水实现,骆马湖向洪泽湖输水由于地势由低向高则通过开启闸门自流补给。当两湖均遭遇枯水年份时,此时需水难以通过区域内水资源进行补给,此时有必要启用南水北调东线工程从江都站抽引长江水来弥补区域内水资源的不足,其工程系统概化图如图2-1所示。

2.1.2 分区及水系

本书利用江苏省水资源分区体系准则进行研究区的划分,结果如表2-1所示,共分为四级:一级区为淮河;二级区划为王家坝至中渡、中渡以下、沂沭泗河;三级区划为蚌中区间北岸区、蚌中区间南岸区、高天区、里下河区、湖西区、中运河区、日赣区、沂沭河区;四级区划为安河区、盱眙区、高宝湖区、渠北区、里下河腹部区、斗北区、斗南区、丰沛区、骆马湖上游区、赣榆区、沂南区、沂北区。以上述分区为基本单位,进行水源、用户、闸站等资料的整理与收集,更加有利于后续工作的开展与进行。

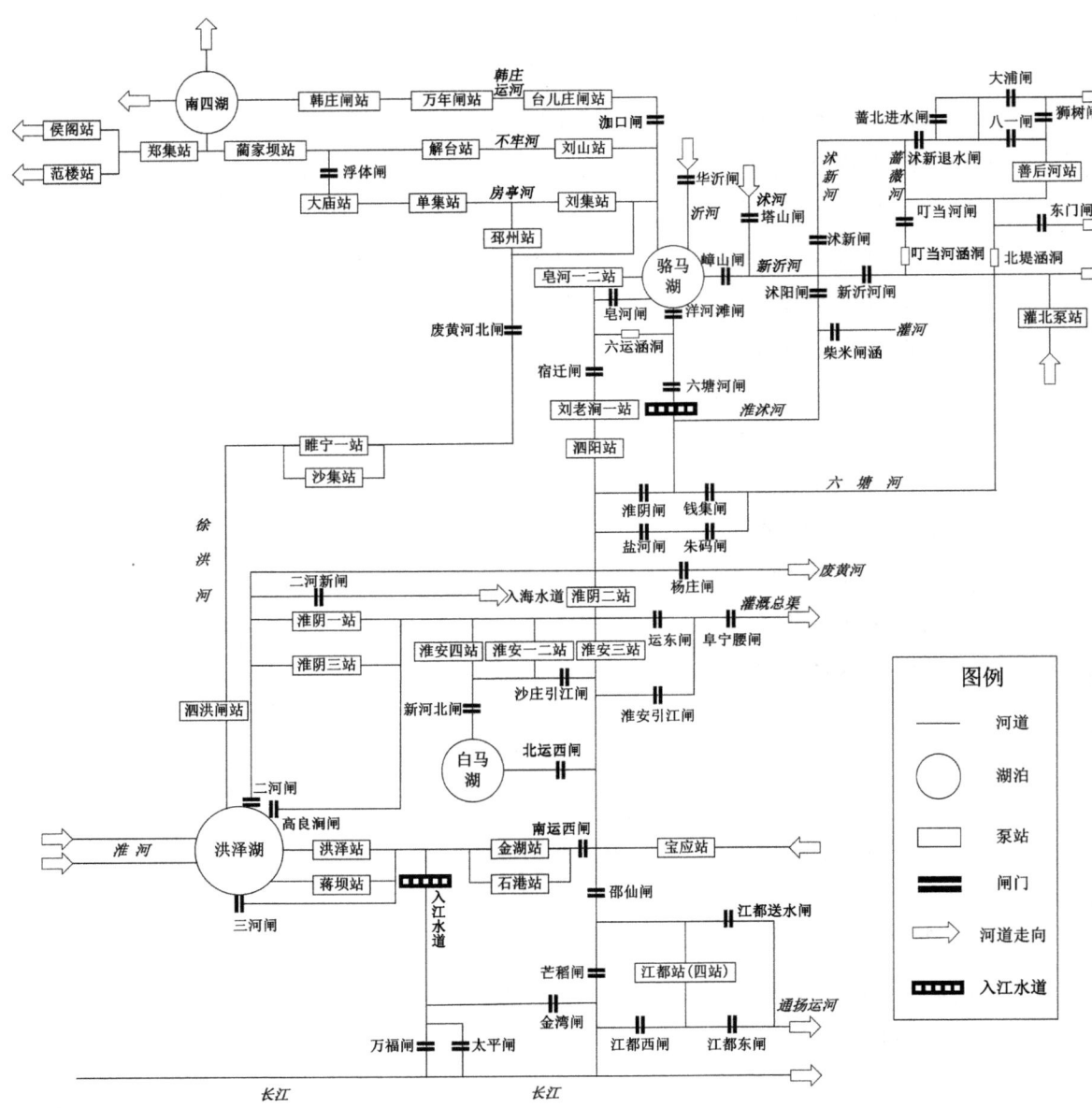

图 2-1 南水北调江苏省境内"河—湖—闸站"概化图

第2章 南水北调东线江苏段水资源丰枯特性分析

表2-1 研究区内水资源分区与受水区从属关系表

一级区	二级区	三级区	四级区	是否属于受水区
淮河	王家坝至中渡	蚌中区间北岸区	安河区	完全属于
		蚌中区间南岸区	盱眙区	完全属于
	中渡以下	高天区	高宝湖区	一部分
		里下河区	渠北区	一部分
			里下河腹部区	一部分
			斗北区	不属于
			斗南区	不属于
	沂沭泗河	湖西区	丰沛区	完全属于
		中运河区	骆马湖上游区	完全属于
		日赣区	赣榆区	完全属于
		沂沭河区	沂南区	一部分
			沂北区	完全属于

南水北调东线与大运河有着不可分割的联系,利用大运河作为输水河道。江苏境内,从扬州市江都、宝应站为起始点引入长江水,以里运河、三阳河、苏北灌溉总渠和淮河入江水道为洪泽湖输水通道;以中运河和徐洪河为洪泽湖与骆马湖之间的输水通道;以中运河、韩庄运河和不牢河为骆马湖往上的输水通道。需要注意的是,以上输水通道由于闸、站共同作用,均可双向输水。其中,江都至淮安杨庄称为里运河,里运河与苏北灌溉总渠平交。杨庄到江苏、山东省界称中运河。扩大的徐州到中运河的不牢河也成为京杭运河的一支。里运河、大王庙以南的中运河和不牢河,已达二级航道标准。韩庄运河为三级航道标准,运河内设有台儿庄闸、万年闸、韩庄闸3个梯级闸站。

淮河流域以废黄河为界,分淮河和沂沭泗两个水系。淮河流域在江苏境内面积约为6.5万 km^2,主要包括南京、扬州、连云港、淮安、徐州、宿迁、泰州、盐城等市。淮河发源于河南省桐柏山区,流经洪泽湖入江或入海,干流全长1 000余 km,从王家坝以上开始,途经王家坝,最终至洪泽湖三河闸。淮河下游区位于废黄河以南,在研究区内面积约为3.9万km^2,总体接受淮河上中游15.8万km^2的过境水资源,该来水汇集在洪泽湖,该湖具有调蓄功能,可将淮水按既定的调度原则通过入江水道、苏北灌溉总渠以及淮沭新河排入长江和黄海海域。目前由于输水通道过水能力的限制,洪泽湖防洪设计标准在50年一遇左右,总排洪能力为1.3万~1.6万m^3/s。其中入江水道设计流量约1.2万m^3/s,为主要泄洪河道;淮沭新河—新沂河设计流量约0.3万m^3/s,苏北灌溉总渠与废黄河设计流量约为0.1万m^3/s,入海水道工程设计泄洪流量为0.2万m^3/s以上均为次要泄洪河道。当下泄流量均达到设计标准时,洪泽湖防洪标准可最高至百年一遇的防洪设计标准。

沂沭泗水系位于废黄河以北,在研究区内面积约为2.6万km^2,主要河流有沂河、沭河、泗河、中运河、新沂河、新沭河等。该水系在研究区有大型水库3座,总库容约9.3亿m^3;中型水库10座,总库容约2.6亿m^3;小型水库191座,总库容约2.2亿m^3。该区域内过境水主要通过南四湖、骆马湖和石梁河水库进行调蓄。其中骆马湖为主要调蓄水库,泄洪通过新沂河入海,当遭遇特大洪水时一般启用黄墩湖滞洪区滞洪。

2.1.3 调水工程

(1) 江水北调工程

江水北调扎根于长江,是实现长江、淮河、沂沭泗统一调度的综合利用工程。工程从20世纪60年代开始建设,设计引江提水能力高达400 m^3/s。在总长约400 km的输水主干河道上设有9级梯级泵站逐级由南至北调水,该工程效益覆盖了江苏7个市区、50个县区,具体包括4 500万亩耕地以及4 000万人口,其供水最远可至徐州丰沛地区及连云港石梁河水库。1999年年底江苏省完成了泰州引江河一期工程,提高了工程引江能力并且提高了工程输水保证率。江水北调工程的建设主要作用在于将多余的淮水与江水尽量北送至缺水较为明显的徐州等地区,该工程从江都站出发,以大运河为主要输水通道,经沿途泵站逐级抽水北送,同时利用洪泽湖、骆马湖等湖泊水库的调蓄作用,从时空层次统一长江、淮河、沂沭泗3个水系的供水调度。江水北调9级梯级共17座泵站,包括江都站、淮安站、淮阴站、泗阳站、刘老涧站、皂河站、刘山站、解台站、沿湖站等,抽水能力累计达1 671 m³/s,可将江水从高程上提高30 m左右,其调水线路总长约400 km。江水北调工程不仅给大运河沿线用户供水,同时还可以与洪泽湖、骆马湖以及微山湖实现相机补水(泵站3级抽水至洪泽湖,6级至骆马湖,9级至微山湖)。

截至2022年3月,江水北调供水区已覆盖江苏省的7个市,面积约6.3万 km²,人口约3 904万人。该工程促进了江苏省内工农业生产的迅速发展,其对社会发展和经济效益影响较大。由于供水的保障大大提高,徐州、淮安、连云港地区的粮食产量大大增加,由工程建设前的15亿 kg增长到了工程建设后的120亿 kg。此外,沿线泵站还可进行抽排涝水来实现改善水环境的目的。仅1990年以来,江水北调工程所属泵站累计翻水量达1 100多亿 m³,大约是27个洪泽湖的有效库容,依靠江水北调工程所抽的江水,江苏省有效缓解了徐州、连云港等城市的用水矛盾。

(2) 南水北调东线工程布局

南水北调工程分为东中西三线,目的在于改变国内水资源时间与空间分布不均匀的现状问题,对缓解国内北部和西北部地区的水资源短缺问题具有重要的战略意义。其东线工程[106-108]是在江水北调工程的原有规模下进一步扩大引水规模以及延长调水路线,从江都站和宝应站(南水北调新增工程)抽引江水,利用大运河、运西河两条输水干线以及高邮湖、白马湖、洪泽湖、骆马湖、南四湖、东平湖等调蓄湖泊逐级调水北送,向安徽、山东等地供水。东线工程主要供水目标在于提高江苏省淮北地区的农业供水水平,并且在北方(山东、安徽)等地缺水时逐级调水以提供所缺水资源量。

东线工程建设周期可以分为3个阶段,其中一期工程建设引江能力为500 m³/s,江苏省内供设有9个梯级的抽水泵站,其详细工程内容包括:新建10座泵站,扩建4座现有泵站;疏浚扩挖三阳河、潼河、金宝航道等以增加沿线过水能力;扬州市江都、淮安、宿迁和徐州大量新建截污导流工程以满足长途输水干线的水质要求。受水区内主要调蓄湖泊包括高邮湖、白马湖、洪泽湖、骆马湖和南四湖下级湖，其中洪泽湖和骆马湖调蓄能力相比较大，通常作为重点工程进行分析计算。研究区内南水北调东线一期工程现状布局情况如表 2-2 所示。

表 2-2　原江水北调与南水北调（新建、改扩建）泵站工程一览表

梯级	原江水北调	南水北调	梯级	原江水北调	南水北调
一	江都一站	宝应站	四	泗阳一站	泗洪站
	江都二站			泗阳二站	
	江都三站		五	刘老涧站	刘老涧二站
	江都四站			沙集站	睢宁二站
二	淮安一站	淮安四站	六	皂河站	邳州站
	淮安二站	金湖站		刘集站	皂河二站
	淮安三站		七	刘山北站	刘山站
	石港站			刘山南站	
三	淮阴一站	淮阴三站		单集站	
	淮阴二站	洪泽站	八	解台站	解台站
	高良涧闸站			大庙站	
	蒋坝站		九	沿湖站	蔺家坝泵站

在已建成的南水北调东线一期工程基础上，建设南水北调东线一期配套及影响工程，包括输水干线用水户取水口门完善、输水支河配套、水质保护及洪泽湖、下级湖泊抬高水位以影响工程等，保证南水北调东线一期工程供水目标的实现；建设南水北调东线二、三期等后续工程，扩大输水河道送水及各梯级泵站提水规模，满足北调出省及省内发展用水需求。南水北调东线二期工程（研究区内）：其基本布置与一期工程相似；拓宽三阳河、潼河、金宝航道、中运河部分河道；增加骆马湖蓄水量；在原有泵站的基础上新增9座泵站，包括宝应站、金湖站、洪泽站、泗洪二站、睢宁三站、邳州东站、刘山站、解台三站、蔺家坝站。南水北调东线三期工程：长江至洪泽湖区间段新增一条运西输水线；洪泽湖至骆马湖区间段新增

一条成子新河输水线并该段拓宽中运河;骆马湖至下级湖区间段新增一条房亭河输水线并且继续拓宽该段中运河;在原有泵站的基础上新增10座泵站,包括滨江站、杨庄站、金湖东站、洪泽三站、泗阳西站、刘老涧站、皂河三站、单集站、大庙站、蔺家坝三站。

2.2 来水丰枯特性定性分析

研究区连接长江、淮河、沂沭泗河,其供水任务主要由三大水系共同完成。对于长江水系,由于地理位置因素(地势由低向高)影响其输水由南水北调水工程集群调度实现,与长江来水特性无关完全由人为控制。因此针对南水北调东线江苏段水资源丰枯特性分析的研究对象仅需考虑洪泽湖、骆马湖两个供水水源。

当两湖存在丰枯遭遇时,对于两湖共同供给的用户,来水较丰水源可以增加供水,相应的来水较枯水源减少供水,以求最大限度利用水源的供水能力和减小引江水量,因此两湖的水文补偿特性是实现两湖联合调度的先决,也是两湖存在互补的决定因素;当两湖存在枯枯遭遇时,在该情况下引江补湖以及引江供水显得尤为必要。综上进行两湖来水丰枯组合的分析[109-110]十分必要。

2.2.1 入湖径流系列双 Y 轴坐标图丰枯特征分析

绘制双 Y 轴坐标图详细步骤如下:将洪泽湖长系列年入湖径流量由高到低排序,相应的骆马湖保持年份与洪泽湖相同进行排序,以洪泽湖年入湖径流量由高到低的序号为横坐标(洪泽湖、骆马湖共用同一横坐标)、年入湖径流量为纵坐标绘制两湖长系列年入湖径流量双 Y 轴坐标图(图2-2),通过该图可分析并归纳两湖丰枯组合规律。

如图2-2所示,当洪泽湖长系列年入湖径流量呈递减排列时,骆马湖年入湖径流量呈现散乱分布,即两湖存在同丰同枯以及丰枯异步的年型。

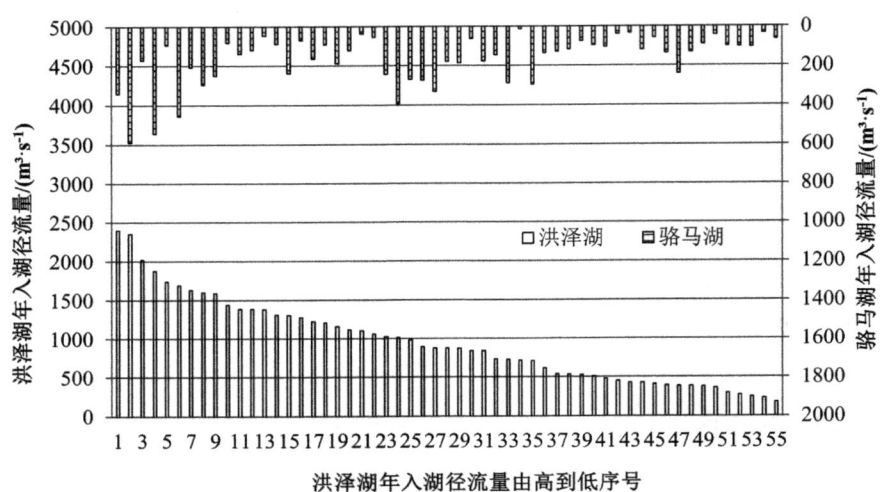

图 2-2　两湖长系列年入湖径流量双 Y 轴坐标图

当两湖径流丰枯异步(存在丰枯补偿特征),有必要进行联合调度以提高水资源利用率、减少引江供水;当两湖径流同时遭遇枯水年时,此时利用本地水不能满足供水要求,需要大量抽调江水来缓解水资源供需矛盾。

2.2.2　入湖径流系列丰、枯水年组组合特性分析

不同水平年组可利用距平累积曲线来判断:当曲线随时间呈上升趋势时,表明连续多年的年径流量高于标准值,可定义为丰水年组;当曲线随时间呈下降趋势时,表明连续多年内年径流量低于标准值,可定义为枯水年组。

两湖年入湖径流距平累积曲线如图 2-3 所示,该图需要人为判断两湖入湖径流的丰、枯水年组,当曲线变化趋势不明显时水平年组很难判断,结果受主观意识变化较大。

为了能够更客观地定义两湖的水平年组,需要对距平累计曲线进行改进,寻找该曲线的升高、降低趋势的"拐点"并以此为分割点将曲线分段,各段分别求距平均值,将原本的累积曲线转换为累积直线,绘制两湖年入湖径流距平脉冲图,如图 2-4 所示。

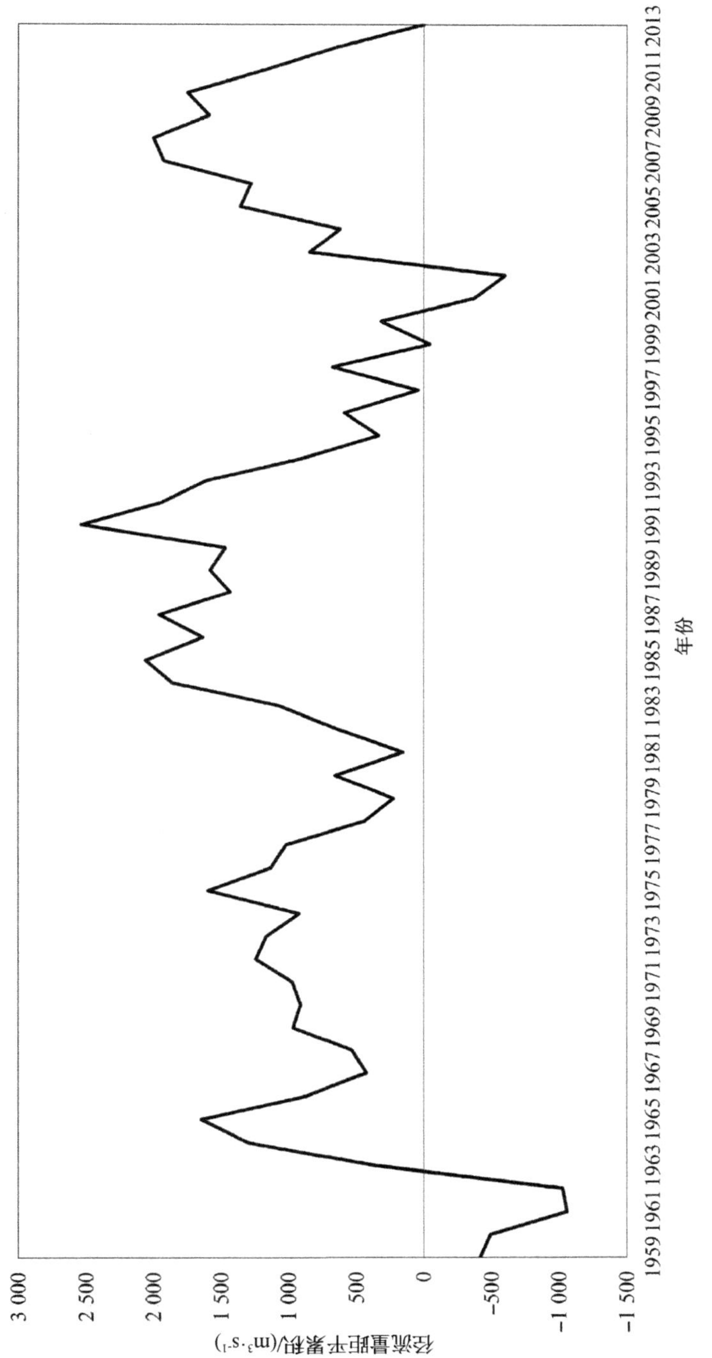

第 2 章 南水北调东线江苏段水资源丰枯特性分析

(a) 洪泽湖

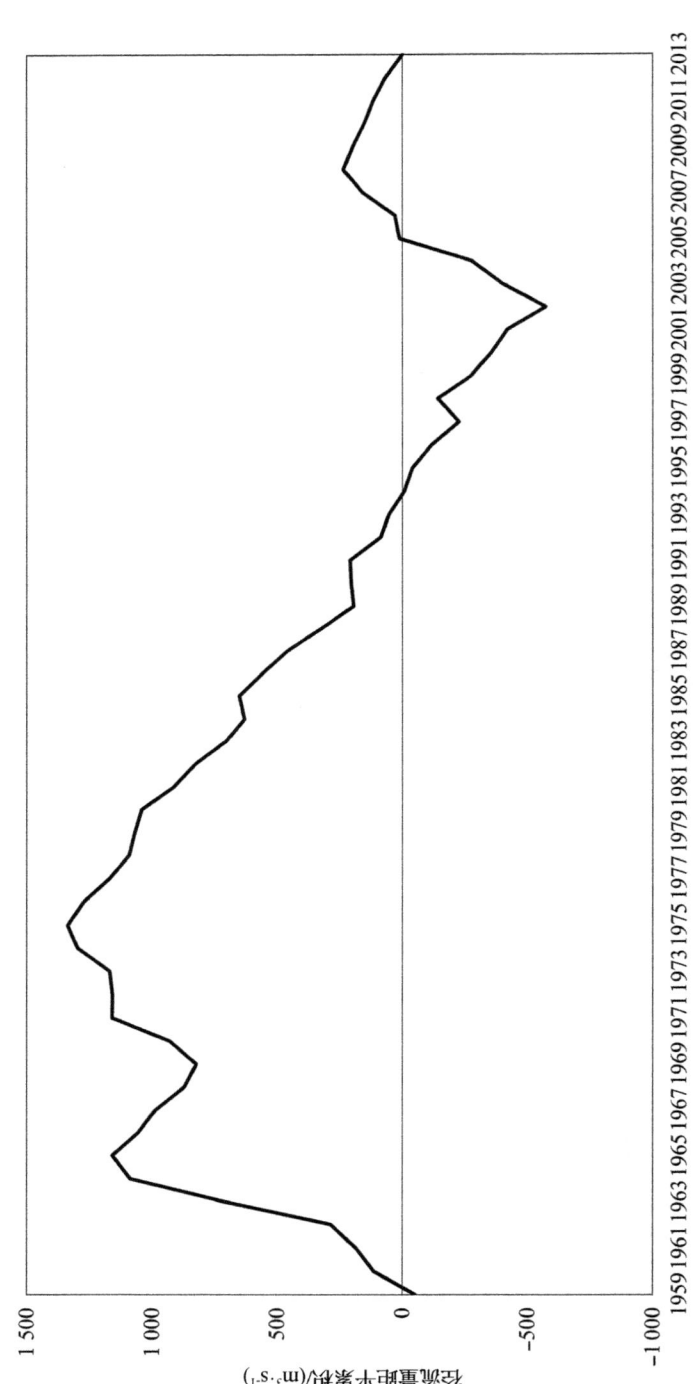

图 2-3 两湖年入湖径流距平累积曲线图

(b) 骆马湖

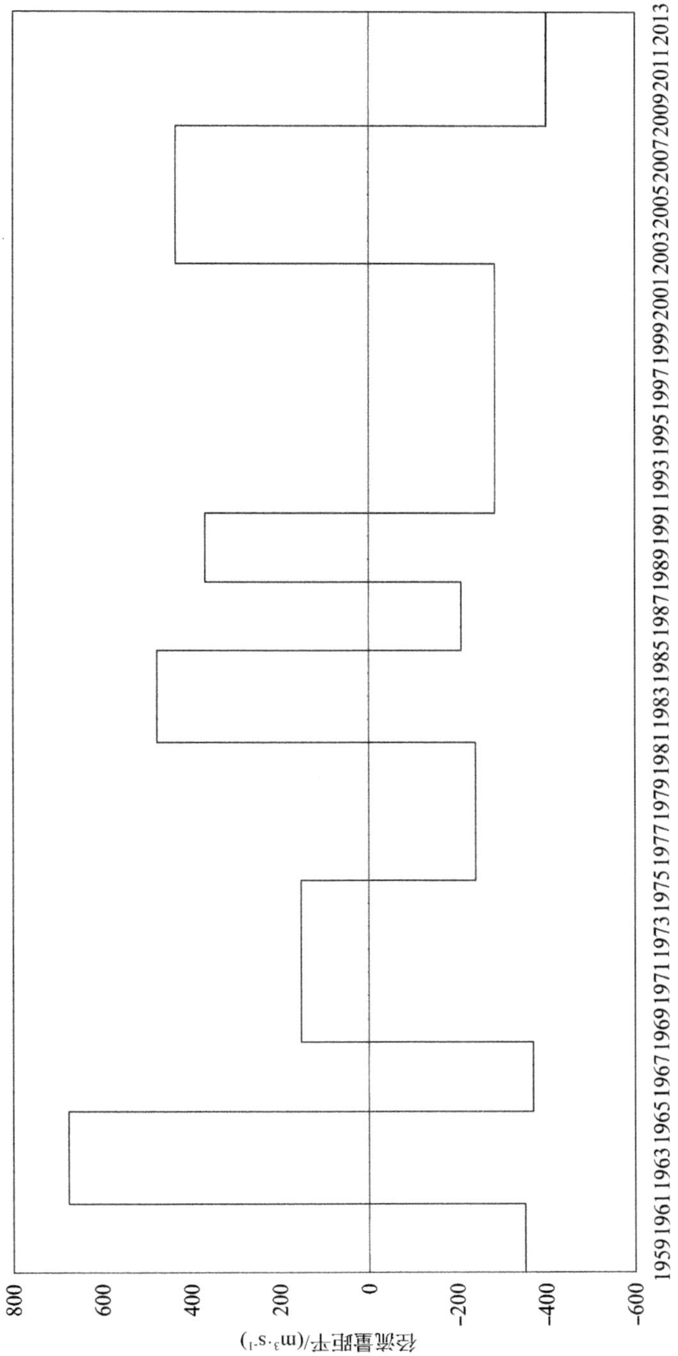

第 2 章　南水北调东线江苏段水资源丰枯特性分析

(a) 洪泽湖

(b) 骆马湖

图 2-4 两湖年入湖径流距平脉冲图

联合图 2-4(a)、图 2-4(b)可准确分析出,资料系列时间段内两湖共有 3 个年组存在丰枯遭遇,进行两湖补偿调度切合实际,共有 5 个年组存在枯枯遭遇,该情况下通常需要抽引长江水缓解研究区干旱状况。

2.3 入湖径流丰枯特性定量分析

丰枯遭遇特性分析也可以利用径流联合概率分布函数进行定量描述,目前常用方法主要有经验频率法和 Copula 函数法等。经验频率法理论较为完善且计算较为简单,因此应用较为广泛,但对于资料的依赖性较大,资料不完善时结果可靠性较差;Copula 函数法不要求变量间具有线性关系和相同的边际分布,理论成熟且适用性较强,因此本书引入 Copula 函数法进行定量分析。

2.3.1 经验频率法分析

1) 基本原理

对于求解多元变量联合概率分布,当随机变量维度较低且样本系列较为完善时,经验频率法较为适合。假设二元随机变量 (X_1, X_2),样本 (x_{1i}, x_{2j}) 的联合概率计算公式为:

$$P(x_{1i}, x_{2j}) = P(X_1 = x_{1i}, X_2 = x_{2j}) = \frac{n_{ij}}{N+1} \qquad (2-1)$$

对应累积经验频率 $F(x_{1i}, x_{2j})$ 为:

$$F(x_{1i}, x_{2j}) = P(X_1 \leqslant x_{1i}, X_2 \leqslant x_{2j}) = \frac{\sum_{m=1}^{i}\sum_{n=1}^{j} n_{ij}}{N+1} \qquad (2-2)$$

式中:N——样本总个数;

n_{ij}——样本 (x_{1i}, x_{2j}) 发生频次。

2) 分析结果

通常可认定天然径流系列均服从 P-Ⅲ分布,按频率 $P \leqslant 37.5\%$、

$37.5\% < P \leqslant 62.5\%$、$P > 62.5\%$ 可以将其划分为丰水、平水、枯水。样本系列为洪泽湖、骆马湖两湖入湖径流,利用经验适线法拟合概率分布曲线(期望值 EX、变系数 Cv 的初值利用矩法来估算,固定偏态系数 Cs = 2Cv),统计参数如表 2-3 所示。

表 2-3　洪泽湖、骆马湖两湖入湖径流统计参数　　　　单位:m³/s

统计参数	洪泽湖			骆马湖		
	年	汛期	非汛期	年	汛期	非汛期
EX	1 036	1 991	559	183	404	73
Cv	0.68	0.80	0.72	0.94	0.98	1.16
Cs = 2Cv	2	2	2	2	2	2
$x_{P=37.5\%}$	1 111	2 101	596	188	410	70
$x_{P=62.5\%}$	730	1 276	384	103	218	32

根据表 2-3 中所列 $x_{P=37.5\%}$ 及 $x_{P=62.5\%}$ 的统计参数,将不同供水水源不同类型径流序列按丰水、平水、枯水进行分类,并且根据累积经验频率公式可得到两湖不同时间段的丰枯组合频率,具体结果参见表 2-4 和图 2-5 所示。

表 2-4　洪泽湖、骆马湖丰枯组合频率统计表

遭遇	全年		汛期		非汛期	
	频次	频率	频次	频率	频次	频率
丰丰	12	0.19	13	0.22	12	0.18
丰平/平丰	16	0.25	13	0.20	11	0.20
丰枯/枯丰	10	0.15	11	0.17	9	0.13
平平	2	0.02	3	0.04	2	0.13
平枯/枯平	15	0.24	15	0.24	13	0.29
枯枯	9	0.15	9	0.15	8	0.07
丰枯同步	23	0.36	25	0.40	24	0.38
丰枯异步	41	0.64	38	0.60	39	0.62

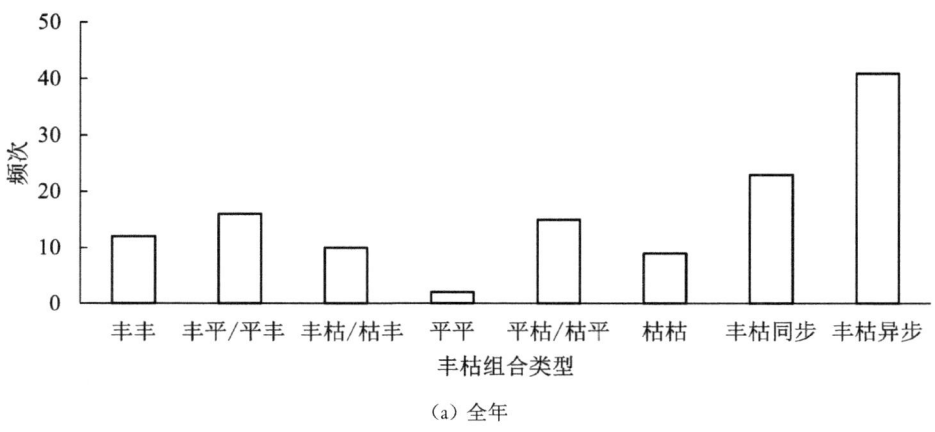

(a)全年

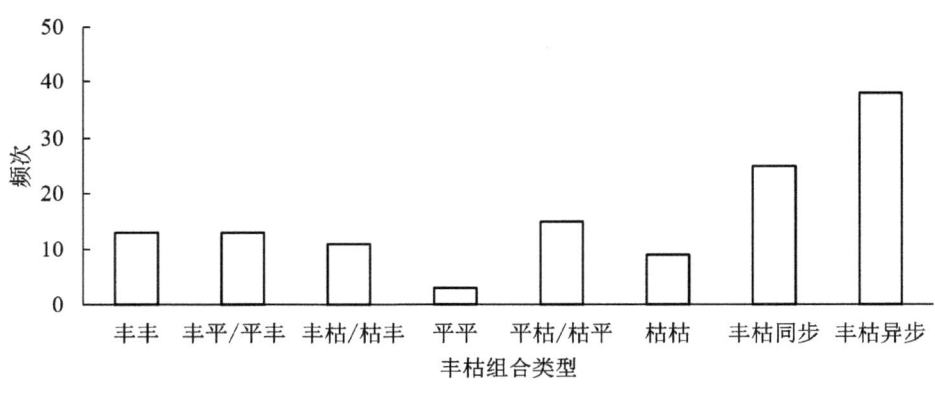

(b)汛期

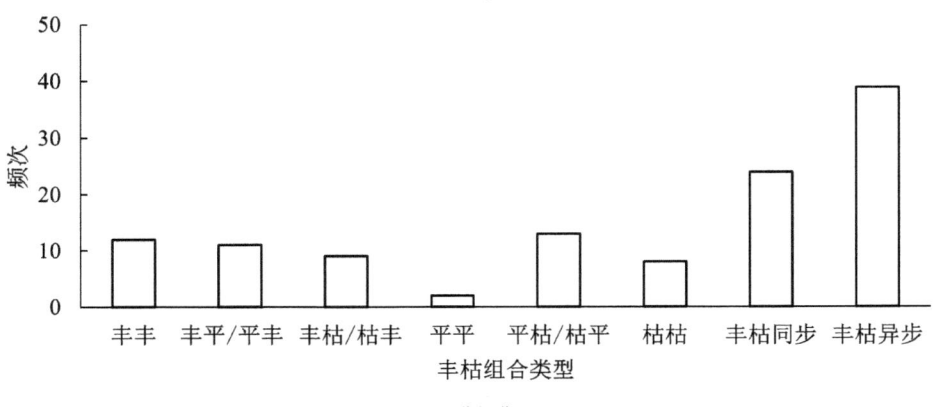

(c)非汛期

图 2-5 洪泽湖、骆马湖全年、汛期、非汛期丰枯组合频次柱状图

经分析，洪泽湖、骆马湖不同时期入湖径流丰枯组合的结论大致相同：丰枯遭遇的概率约为 0.62，开展两湖联合调度切合实际；遭遇"平枯""枯平"或"枯枯"组合的概率约为 0.37，该情况下抽引江水缓解用水矛盾十分必要。

2.3.2 Copula 函数法分析

2.3.2.1 基本原理及常见类型

1）定义

Copula 函数可以构成多元随机变量联合分布函数，因此也被叫作连接函数。该函数在求解多元随机变量联合概率分布时具有较强的适用性，能够较为准确地描述各变量间的非线性、非对称相关关系。

定义：$C:[0,1]^n \rightarrow [0,1]$ 是定义域为 $[0,1]$ 上的 n 元联合分布函数，如果 C 的边缘分布类型为均匀分布，那么 C 可以被认为是 n 元 Copula 函数。

该函数的特征如下：

① 构成 n 元的任意变量都呈现递增规律；

② $\exists i \in (1,2,\cdots,n)$ 且 $u_i = 0$，则 $C(u_1, u_2, \cdots, u_n) = 0$；

③ C 的边缘分布 $C_i(\cdot)$ 满足：$C_i(u_i) = C(1, \cdots, u_i, 1, \cdots, 1) = u_i$，其中 $u_i \in [0,1]$，$i \in [1,n]$。

Sklar 定理：若多元随机变量 $(X_1, X_2, \cdots, X_n)$，其联合分布函数 $F(x_1, x_2, \cdots, x_n)$ 有边缘分布函数 $F_1(x_1), F_2(x_2), \cdots, F_n(x_n)$，那么存在一个 Copula 函数 C，存在如下关系：

$$F(x_1, x_2, \cdots, x_n) = C[F_1(x_1), F_2(x_2), \cdots, F_n(x_n)] \quad (2-3)$$

若 $F_1(x_1), F_2(x_2), \cdots, F_n(x_n)$ 连续，则函数独一无二。该定理的重要价值在于可以直接将 C 变换为 $F_1(x_1), F_2(x_2), \cdots, F_n(x_n)$ 及显示其相关性的 Copula 函数。

2) 常见类型

目前 Copula 函数类型主要有椭圆族、阿基米德族两类。对于椭圆族 Copula 主要有 N-Copula 函数和 t-Copula 函数,两者均秉承椭圆分布函数性质,长处主要有原理简单、结构清晰等,不足之处在于镜像对称的函数往往不能实现封闭。阿基米德族通常可以将复杂函数结构进行简化处理,计算量大大减少,同时该函数拓展性较好在诸多领域得到了广泛的应用(图 2-6)。

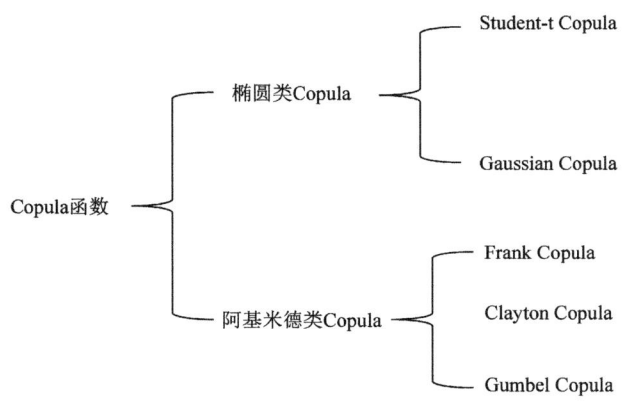

图 2-6　Copula 函数类型

2.3.2.2　定义

Copule 函数种类繁多,不同 Copule 函数对于相关性的刻画能力也不一致。在实际应用中当多元随机变量之间相互关系较为复杂时,单一 Copule 函数往往难以准确描述变量之间的联合分布。为了使描述结果更加符合实际情况,可以构建更好刻画变量间联合分布的混合 Copule 函数,以二元混合函数为对象公式。

定理: 若 $C_1(u,v,\theta_1)$,$C_2(u,v,\theta_2)$,$\cdots$,$C_n(u,v,\theta_n)$ 为 n 个二元混合 Copula 函数,若有

$$C_m(u,v,\Theta) = \sum_{i=1}^{n} \alpha_i C_i(u,v,\theta_i) \quad (2-4)$$

式中:$\Theta=(\theta_1,\theta_2,\cdots,\theta_n,\alpha_1,\alpha_2,\cdots,\alpha_n)$,$0 \leqslant \alpha_i \leqslant 1(i=1,2,\cdots,$

n)且 $\sum_{i=1}^{n}\alpha_i=1$，则函数 $C_m(u,v,\Theta)$ 依旧是 Copula 函数，具有单一 Copula 函数的基本特征。

2.3.2.3 联合分布的构建

1) 边缘分布选择

水文频率分析通常使用 P-Ⅲ 分布、Gumbel 分布以及对数正态分布，本书根据以上 3 种分布类型分布进行两湖径流的拟合，根据拟合优度评价计算结果确定最为合适的分布(表 2-5)。根据均方根误差(Root Mean Squared Error，RMSE)和最小信息化准则(Akaike Information Criterion，AIC)指标进行拟合优度的评价，计算公式如下所示：

$$\text{RMSE}=\sqrt{\frac{1}{N}\sum_{i=1}^{N}[x(i)-x_0(i)]^2} \quad (2-5)$$

式中：N—— 样本总量；

$x(i)$—— 实际频率值；

$x_0(i)$—— 经验频率值。

$$\text{AIC}=2N\ln(\text{RMSE})+2l \quad (2-6)$$

式中：l—— 边缘分布中公共参数的统计量。

表 2-5　不同类型边缘分布优缺点

分布类型	优点	缺点
P-Ⅲ	能够准确描述某些类型数据的尾部行为，尤其在水文学和气候学等领域的应用中	参数估计相对复杂，且在小样本情况下，其稳健性较差，可能导致不准确的结果。
Gumbel	数学形式简单，易于理解和计算，特别是在评估最大值或最小值时表现优越	假设极值服从独立同分布，这在某些实际情况下可能并不成立，从而影响其适用性。
对数正态	能够处理大范围的数据，并且具有较好的拟合性能	在数据分布呈现多峰或有明显偏态时，其适用性不强。

输入两湖长系列入湖径流资料，利用以上公式可得各分布类型拟合优度指标计算结果如表 2-6 所示。

表 2-6　两湖径流分布拟合优度指标计算值

调蓄水库	分布类型	RMSE	AIC
洪泽湖	P-Ⅲ	**4.06**	**162.41**
	Gumbel	4.39	169.39
	对数正态	4.33	167.81
骆马湖	P-Ⅲ	**2.61**	**111.28**
	Gumbel	4.55	173.68
	对数正态	3.46	141.96

RMSE 和 AIC 的值与线型拟合程度成正比。由表 2-6 计算结果可知，当两湖径流的边缘分布为 P-Ⅲ 分布时，RMSE 和 AIC 的值最低，因此选定 P-Ⅲ 分布作为两湖径流的边缘分布。

2) Copula 函数选择、参数估计与拟合

不同 Copula 函数的实际拟合效果不一致，且混合 Copula 函数在描述变量间的边际分布更加准确，因此本书采用 Gumbel-Hougaard Copula 和 Clayton Copula 的组合函数来计算两湖天然来水的联合概率值，并且同单独使用某一 Copula 函数的计算结果作对比，以验证混合 Copula 函数的优异性。

采用非参数法估算单一 Copula 函数的参数，首先计算径流系列的秩相关系数 τ，根据 τ 来进一步估计参数 θ。相关参数估算结果如表 2-7 所示。

表 2-7　Copula 函数参数估计

Copula 函数	τ	θ
Gumbel-Hougaard	0.32	1.46
Clayton		0.46

在确定了入湖径流的边缘分布类型和相关参数的前提下，分别利用单一 Copula 函数和混合 Copula 函数（用 C-G 表示）计算两湖径流的丰枯

组合概率值。混合 Copula 函数的计算公式如下所示：

$$C_{C\text{-}G}(u,v) = \alpha\left[(u^{-\theta}+v^{-\theta}-1)^{-1/\theta}\right] \\ + \beta\{\exp[-((-\ln u)^{\theta}+(-\ln v)^{\theta})^{-1/\theta}]\} \quad (2-7)$$

式中：α、β——分别为单一 Copula 函数 Clayton 和 Gumbel-Hougaard 的权重系数，$\alpha,\beta \in [0,1]$ 且 $\alpha+\beta=1$。可通过最小二乘法计算得出 α、β。

利用 K-S（Kolmogorov-Smirnov，柯尔莫戈洛夫-斯米尔诺夫）检验来确定单一 Copula 函数以及混合 Copula 函数能否适用于拟合经验数据，并根据 RMSE 和 AIC 指标来进行数值化量分布的拟合程度，以此最终确定较为混合 Copula 函数是否能够优于单一 Copula 函数。K-S 检验的统计量 D 的计算公式如下所示：

$$D(\alpha,N) = \max_{1 \leqslant k \leqslant N}\left\{\left|C_k - \frac{m_k}{N}\right|,\left|C_k - \frac{m_k-1}{N}\right|\right\} \quad (2-8)$$

式中：α——显著性水平；
　　　C_k——(x_{1k},x_{2k}) 的标准计算值；
　　　m_k——在 $x_1 \leqslant x_{1k}$ 且 $x_2 \leqslant x_{2k}$ 范围内的样本个数；
　　　N——样本总数。

当统计量 D 的计算值小于临界值 D_0 时能够通过 K-S 检验，此时说明统计量对应的函数拟合径流的联合概率分布是符合要求的。本书所选用显著性水平取 $\alpha=0.05$ 时，K-S 检验统计量的临界值 $D_0=0.18$。不同组合函数的拟合优度统计量计算值参见表 2-8 所示。

表 2-8　Copula 不同组合函数拟合优度统计量计算值

函数类型	D	RMSE	AIC
Gumbel-Hougaard	0.08	2.98	125.37
Clayton	0.08	3.03	126.14
混合 Copula	0.08	**2.86**	**120.31**

由表2-8计算结果可得,所有函数的数据拟合均符合要求,满足显著性水平 $\alpha=0.05$ 的 K-S 检验要求,即利用单一和混合 Copula 函数均能有效反映入湖径流的联合概率分布。由 RMSE 和 AIC 的统计结果可知,选择混合 Copula 函数分析两湖径流的联合概率分布最为合理。图 2-7 是单一和混合 Copula 函数对两湖径流联合分布经验点据的拟合图,其中混合 Copula 函数的拟合效果最佳。

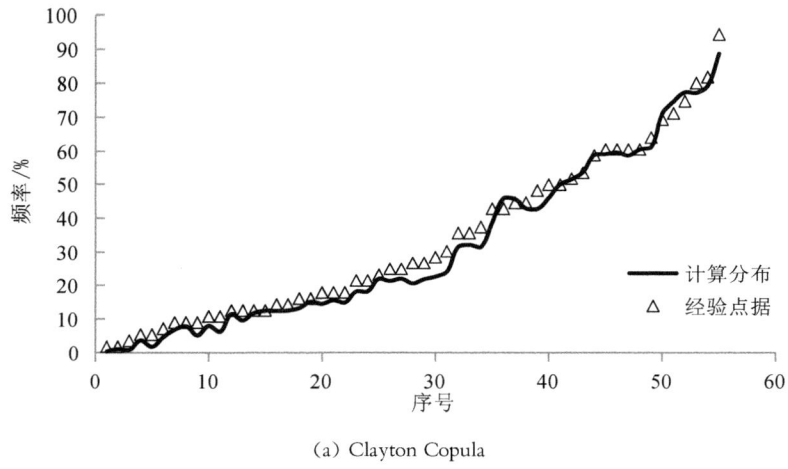

(a) Clayton Copula

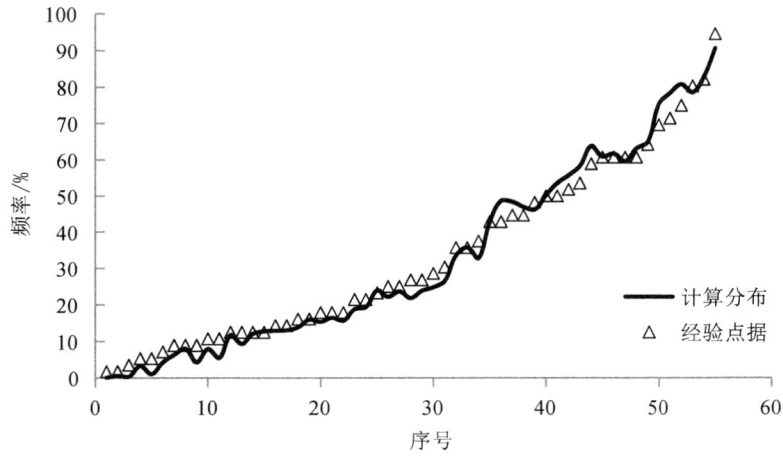

(b) Gumbel-Hougaard Copula

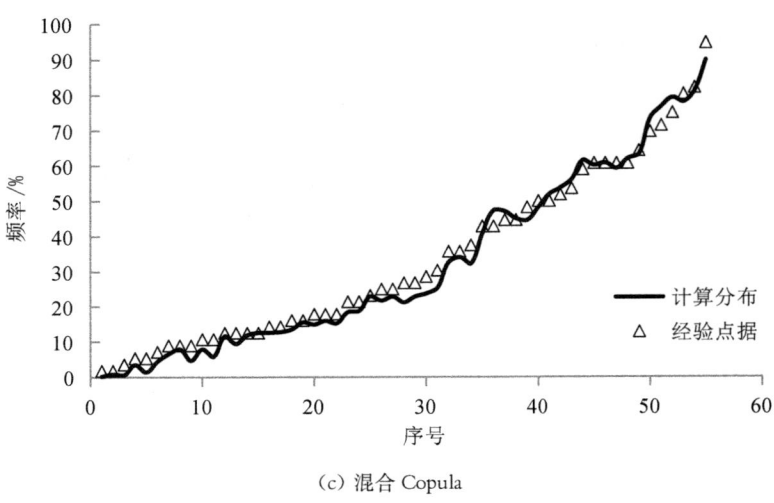

(c) 混合 Copula

图 2-7 Copula 函数计算分布与经验点据拟合图（两湖径流）

3）两湖丰枯组合概率计算

同样用前文径流丰枯标准来确定两湖径流的丰枯状态，两湖丰枯组合如表 2-9 所示。

表 2-9 两湖径流丰枯组合类型及概率表达

丰枯组合类型	出现概率
丰丰	$P(x_1 \geqslant x_{1,37.5\%}, x_2 \geqslant x_{2,37.5\%})$
丰平	$P(x_1 \geqslant x_{1,37.5\%}, x_{2,62.5\%} < x_2 < x_{2,37.5\%})$
丰枯	$P(x_1 \geqslant x_{1,37.5\%}, x_2 \leqslant x_{2,62.5\%})$
平丰	$P(x_{1,62.5\%} < x_1 < x_{1,37.5\%}, x_2 \geqslant x_{2,37.5\%})$
平平	$P(x_{1,62.5\%} < x_1 < x_{1,37.5\%}, x_{2,62.5\%} < x_2 < x_{2,37.5\%})$
平枯	$P(x_{1,62.5\%} < x_1 < x_{1,37.5\%}, x_2 \leqslant x_{2,62.5\%})$
枯丰	$P(x_1 \leqslant x_{1,62.5\%}, x_2 \geqslant x_{2,37.5\%})$
枯平	$P(x_1 \leqslant x_{1,62.5\%}, x_{2,62.5\%} < x_2 < x_{2,37.5\%})$
枯枯	$P(x_1 \leqslant x_{1,62.5\%}, x_2 \leqslant x_{2,62.5\%})$

表 2-9 中,变量 $x_{1,37.5\%}$、$x_{2,37.5\%}$ 分别对应洪泽湖、骆马湖在组合概率 $P=37.5\%$ 对应的径流。

利用概率公式计算表 2-9 中两湖不同丰枯组合类型的概率值,结果如表 2-10 和图 2-8 所示。经分析可知:两湖径流出现丰枯遭遇的概率值为 0.53,进行水源联合调度切合实际;出现"平枯""枯平"或"枯枯"组合的概率为 0.38,该情况下通常需要抽引长江水缓解研究区可能存在的干旱状况。

表 2-10 两湖径流丰枯组合概率

丰枯组合类型	概率	丰枯组合类型	概率
丰丰	0.20	枯丰	0.09
丰平	0.09	枯平	0.09
丰枯	0.09	枯枯	0.20
平丰	0.09	丰枯同步	0.47
平平	0.07	丰枯异步	0.53
平枯	0.09		

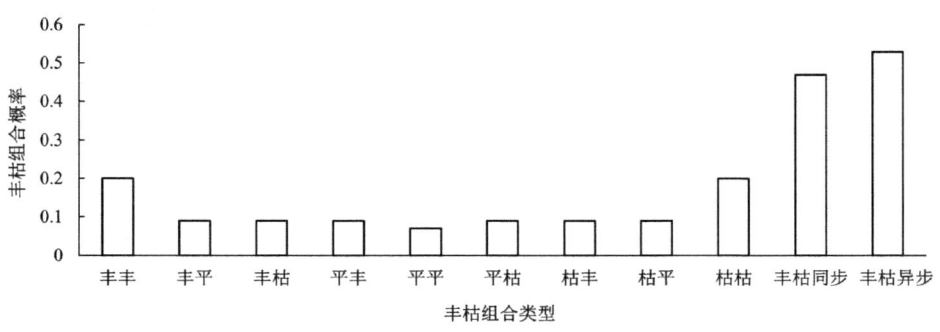

图 2-8 洪泽湖、骆马湖全年丰枯组合频率柱状图

2.4 小结

本章从定性、定量两个角度分析研究区内供水水源的来水丰枯组合

特性,阐明了进行两湖联合调度的切实性和必要性。结论如下:

为分析两湖联合调度的可行性及抽引江水的必要性,本章从水资源的时空分布和供需矛盾两种途径进行了具体的分析,总结如下:

(1) 利用双 Y 轴坐标作图法和距平脉冲图法描述了不同供水水源来水是否存在丰枯遭遇的客观规律,其中前者用于分析年与年的丰枯遭遇特征,而后者用于分析丰枯年组(连续丰水年组、连续枯水年组)。经分析可知:两湖存在丰枯遭遇的情况,制定两湖相机补水的调度策略切实可行;两湖存在枯枯遭遇的情况,此时需要抽引长江水缓解研究区干旱状况。

(2) 利用经验频率法对不同供水水源不同时期来水的丰枯组合概率值进行计算,经分析可知:不同时期来水丰枯组合的概率统计值大致相同,发生丰枯遭遇的概率均为 0.62,此时制定两湖相机补水的调度策略切合实际;出现"平枯""枯平"或"枯枯"组合的概率均在 0.37 左右,该情况下通常需要抽引长江水缓解研究区缺水。

(3) 利用 Copula 函数法计算不同供水水源不同时期来水的丰枯组合概率值,经分析可知:①以 RMSE 和 AIC 的优度评价指标,年、汛期径流联合分布选择混合 Copula 函数较为合适,非汛期则选择 Gumbel-Hougaard Copula 函数较为合适;②两湖年入湖径流发生丰枯遭遇的概率为 0.53,此时制定两湖相机补水的调度策略切合实际;出现"平枯""枯平"或"枯枯"组合的概率为 0.38,该情况下通常需要抽引长江水缓解研究区缺水的状况。

第 3 章

多情景优化调度模型构建及供需平衡优化分析

第3章 多情景优化调度模型构建及供需平衡优化分析

水资源短缺问题对我国社会经济可持续发展影响甚为严重,在我国部分水资源短缺问题严重的流域及区域,本地水资源的开发利用程度已超过国际公认的适宜开发利用红线,需要通过跨流域、跨行政区的远距离调水模式并结合当地蓄水工程调节的方式以解决水资源时间与空间分布不均造成的水资源紧缺问题。对于跨流域、跨行政区的远距离调水系统,其目的在于联合区域内多水源进行优化调度以提升其水资源开发利用效率,并在保证供水的前提下降低引调水的经济成本。如何针对用水户需求科学合理的对本地水、外调水进行时空上的再分配,具体重要的理论和实践价值。

目前国内外大部分跨流域调水工程已经建成并逐渐正常运行,如何联动不同区域内多水源的统一调度研究已经迫在眉睫,因此诸多专家学者都以此建立了相应的调度模型并提出了各类算法[111-115]。在考虑经济效益最优的前提下建立的水资源联合调度模型需要进行调水成本的核算,其中包括水利工程建设成本、运行成本以及基于引水产生的生态环境影响产生的补偿成本,这类成本涉及面较广,特别是生态环境成本往往难以进行准确的估算。针对上述问题,本书根据多水源联合调度过程中引调水成本的相对高低提出成本递增的多情景优化调度模型(全称"多水源水库群供水联合调度多情景分层优化模型"),该模型能够避免直接计算供水成本,为考虑经济效益最大化的多水源联合优化问题提供了一种新的建模、分析思路。

本书以南水北调东线江苏段为研究对象,结合现有的模拟优化技术建立多水源水库群供水联合调度多情景分层优化模型,基于跨区域调水成本高于当地水源工程运行成本等基本原则,综合考虑跨区域调水经济成本因素,将供水按成本高低分为跨区域调水、区域内调水、本地水供水,选择不同供水方式的组合进行多情景供水效益分析,以求能够探索出有效的多水源高效利用的时空协调策略。

3.1 系统概化

洪泽湖、骆马湖作为研究区域内重要的调蓄水库,承担着主要的供水任务,两湖的水资源联合优化配置对于整个供水区域水资源供给保障至关重要。骆马湖天然来水主要源自沂沭泗水系,洪泽湖天然来水源于淮河水系,两湖区间控制面积的区间入流主要由本地降雨补充;此外,由于两湖地处江淮地区南北气候过渡带,两湖产流区水文气象条件不完全同步,在来水情势异步条件下,洪泽湖、骆马湖之间可通过徐洪河、大运河两条线路双向相机互补水:洪泽湖分别沿泗洪站、睢宁站、邳州站(徐洪河线)、泗阳站、刘老涧站、皂河站(运河线)逐级抽水至骆马湖,骆马湖向洪泽湖输水则通过启闭闸门自流补给。当两湖均遭遇枯水年份导致区域需水难以通过本地水资源供给时,此时需启用南水北调东线工程从江都站抽引长江水以保障供给。

研究区经过徐州、淮安、扬州、宿迁4个省辖市,包括淮安、宿迁、徐州、连云港市的所有辖区、扬州市的江都、高邮、宝应县(市)和盐城市阜宁县。沿线用水户较多,本书将受水区划分成骆马湖周边、公共、洪泽湖周边3个片区,将各受水片区各类用户需水进行汇总。考虑到实际运行中的输水物理通道及输水成本情况,确定供水水源与各片区供需关系如下:① 骆马湖周边用水户由骆马湖供水;② 公共用水户由洪泽湖、骆马湖同时供水;③ 洪泽湖周边用水户由洪泽湖供水。

根据研究区域内水源之间的源汇关系以及水源—用水户之间的供需关系,绘制系统概化图,如图3-1~图3-3、表3-1~表3-2所示。

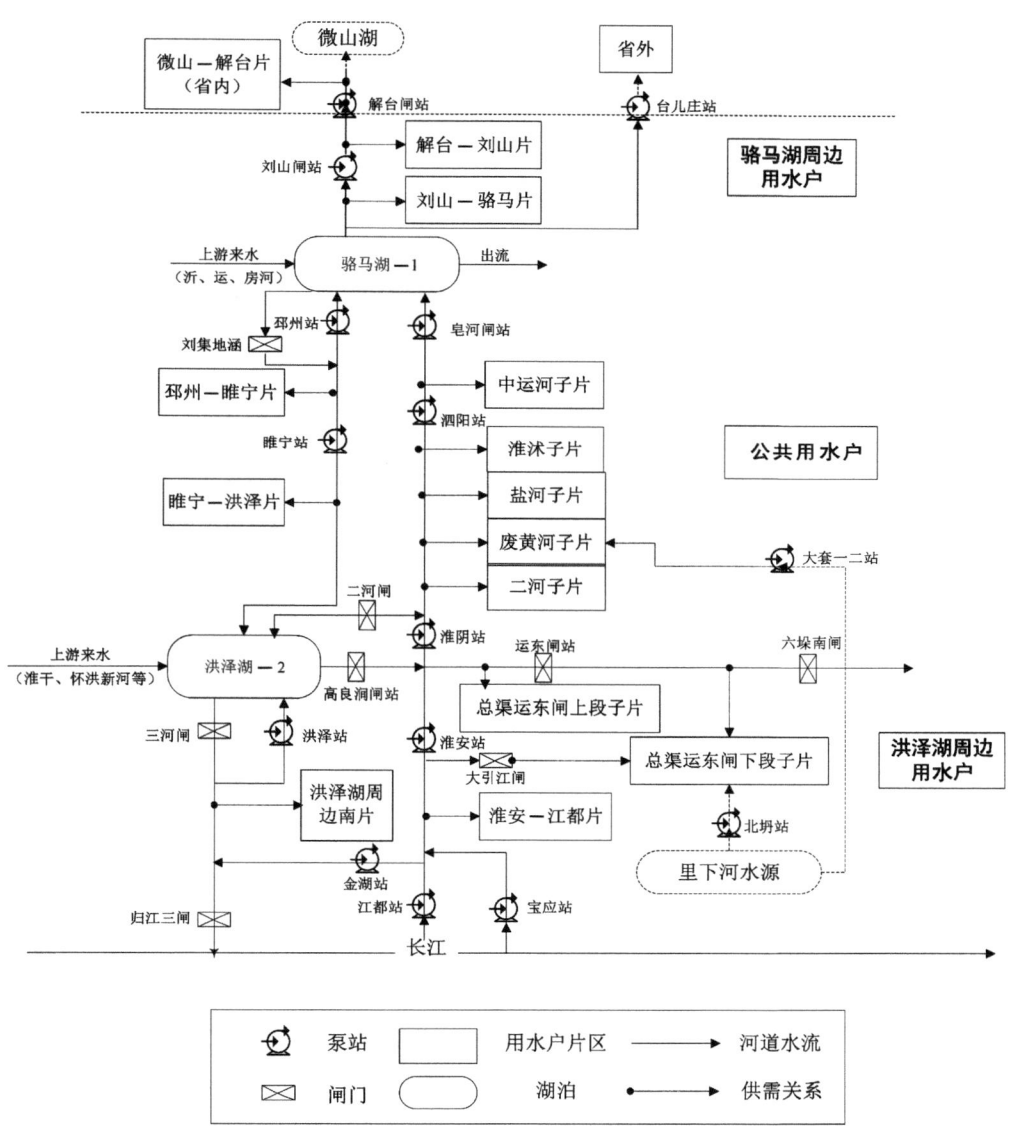

图 3-1 南水北调东线江苏段水资源区划图

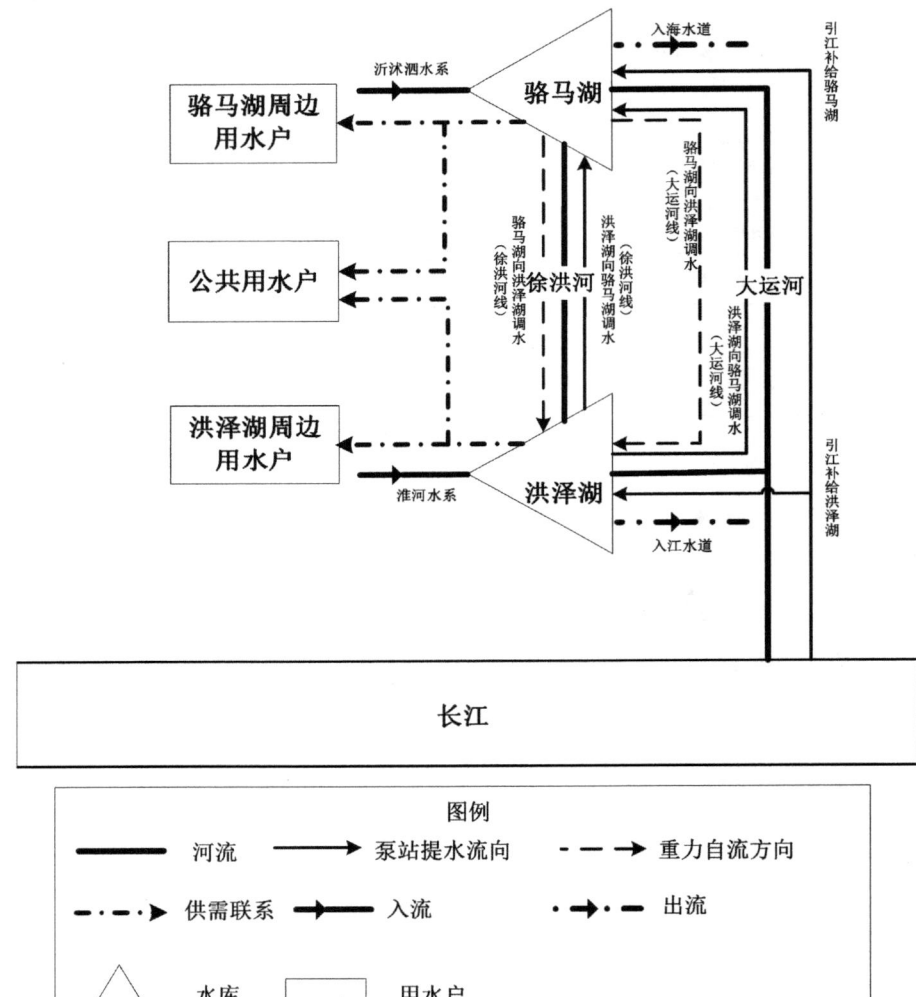

图 3-2 南水北调东线江苏段水资源系统概化图

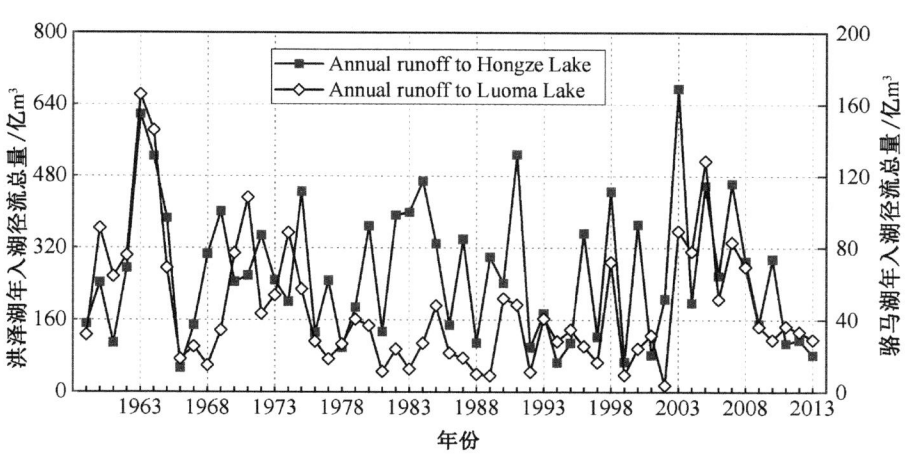

图 3-3 洪泽湖、骆马湖年径流量对比图

表 3-1 不同用水户逐月需水量统计表 单位：亿 m³

月份	洪泽湖周边	骆马湖周边	公共
一月	1.2	0.2	1.5
二月	1.3	0.2	1.6
三月	3.0	0.6	4.3
四月	3.1	0.6	4.5
五月	3.6	0.8	5.4
六月	14.4	3.3	22.8
七月	10.9	2.5	17.1
八月	10.3	2.3	16.3
九月	4.9	1.0	7.4
十月	1.4	0.2	1.8
十一月	1.3	0.2	1.7
十二月	1.7	0.3	2.2

表 3-2 洪泽湖、骆马湖逐月蓄水量上下限　　　　单位：亿 m³

月份	洪泽湖		骆马湖	
	蓄水上限	蓄水下限	蓄水上限	蓄水下限
一月	30.1	7.0	8.3	2.5
二月	30.1	7.0	8.3	2.5
三月	30.1	7.0	8.3	2.5
四月	30.1	7.0	8.3	2.5
五月	30.1	7.0	8.3	2.5
六月	22.3	7.0	7.1	2.5
七月	22.3	7.0	7.1	2.5
八月	22.3	7.0	7.1	2.5
九月	22.3	7.0	7.1	2.5
十月	30.1	7.0	8.3	2.5
十一月	30.1	7.0	8.3	2.5
十二月	30.1	7.0	8.3	2.5

3.2 优化模型

研究系统的水库群供水联合优化调度存在以下难点问题：

（1）跨流域、跨区域调水的高建设、运行成本导致调水经济成本明显高于当地水资源利用成本，必须在水资源调度中考虑经济成本因素。

（2）两湖天然来水时空分布条件存在差异，跨流域调水对于不同的来水丰枯遭遇情况应用效果不一。

（3）南水北调工程协议引水量受山东、天津等地供水的影响、受工程配套设施建设进度影响而具有一定变化性。

针对上述问题,建立多水源水库群供水联合调度多情景分层优化模型,通过设置外调水源工程启用次序的情景考虑调水成本的影响;构建两湖不同天然来水组合情景以考虑来水组合遭遇的影响;分析南水北调不同协议引水量情景对水资源供需平衡的影响。

3.2.1 目标函数

本书研究水资源系统供水优化问题,在综合考虑缺水损失与供水经济成本的条件下分别构建如下两个目标[21-23]:

目标1 调度期内用户缺水深度平方和最小,即综合缺水率最小:

$$\min \mathrm{SI} = \frac{1}{M \cdot T} \cdot \sum_{i=1}^{M} \sum_{t=1}^{T} \left[(D_t^i - \sum_{j=1}^{N} R_t^{j,i}) / D_t^i \right]^2 \quad (3-1)$$

目标2 调水成本最小:

$$\min \mathrm{Cost} = \sum_{t=1}^{T} (k_1 \cdot W_t^1 + k_2 \cdot W_t^2 + k_3 \cdot W_t^3) \quad (3-2)$$

式中:M——用水户数($i=1,2,\cdots,M$,$i=1$ 为洪泽湖周边用水户、$i=2$ 为骆马湖周边用水户、$i=3$ 为公用用水户);

N——水源数($j=1,2,\cdots,N$,$j=1$ 为洪泽湖、$j=2$ 为骆马湖、$j=3$ 为长江水);

T——调度时段数;

$R_t^{j,i}$——水源 j 向用水户 i 的供给水量;

D_t^i——用水户 i 在时段 t 的需水量;

W_t^1、W_t^2、W_t^3——分别为河网自流水量、本地水源利用泵站调水量、引江抽水远距离输水量;

k_1、k_2、k_3——分别为不同水源供水相应的成本。

以上涉及水量的变量单位均为万 m^3。

3.2.2 约束条件

本书所建立的模型包含如下约束条件：水量平衡约束、库容约束、调水能力约束以及非负约束。具体表示如下：

（1）水量平衡约束：

洪泽湖：

$$S_{t+1}^1 = S_t^1 + I_t^1 + U_t^1 - U_t^2 + E_t^1 - (R_t^{1,1} + R_t^{1,3}) - F_t^1 \quad (3-3)$$

骆马湖：

$$S_{t+1}^2 = S_t^2 + I_t^2 + U_t^2 - U_t^1 + E_t^2 - (R_t^{2,2} + R_t^{2,3}) - F_t^2 \quad (3-4)$$

（2）库容约束：

$$S_t^{j,\min} \leqslant S_t^j \leqslant S_t^{j,\max}, \quad j=1,2 \quad (3-5)$$

（3）调水能力约束：

$$0 \leqslant E_t^j \leqslant E_t^{j,\max}, \quad j=1,2 \quad (3-6)$$

$$0 \leqslant U_t^j \leqslant U_t^{j,\max}, \quad j=1,2 \quad (3-7)$$

（4）单向调水约束：

$$U_t^1 \cdot U_t^2 = 0 \quad (3-8)$$

（5）所有变量非负约束。

上式中：S_t^j 和 S_{t+1}^j ——分别为水库调度时段初、时段末蓄水量；

I_t^j ——水库控制区间的天然入库流量；

U_t^1 ——骆马湖向洪泽湖的自流补水量；

U_t^2 ——洪泽湖向骆马湖的调水量；

E_t^j ——引江补给水库 j 的补水量；

F_t^j —— 水库时段弃水量；

$U_t^{j,\max}$ 和 $E_t^{j,\max}$ —— 分别为水库调水能力约束、引江补库能力约束。

以上涉及水量的变量单位均为万 m³；其中，公式(3-8)限制两湖互济水量在同一时段只能沿一单侧方向输水。

为了更好地反映系统的缺水程度，本书以综合缺水率指标（Shortage Index，SI）反映系统中所有用户的平均缺水深度，即将开根号使得其与传统意义上的缺水率量级上一致，记作"$SI^{1/2}$"。

3.3 多情景设置及模型转化

在上述建立的多水源水库群供水联合调度分层优化模型中，调水成本的确定对调度策略的选择至关重要。在含外调水的供水工程实时调度运行中，随着引水规模的逐渐增加，引水对于引水区的生态环境影响以及引调水能耗增长往往呈非线性增长关系，成本构成复杂往往难以准确率定。因此，本书依据不同水源供给的供水成本差异依次构造调水工程依次启用的情景，将引调水量总量的目标构建为约束条件，转化为单目标优化模型，并分别对不同情景下的优化模型进行求解，以此规避调水成本的确定问题（如图3-4）。

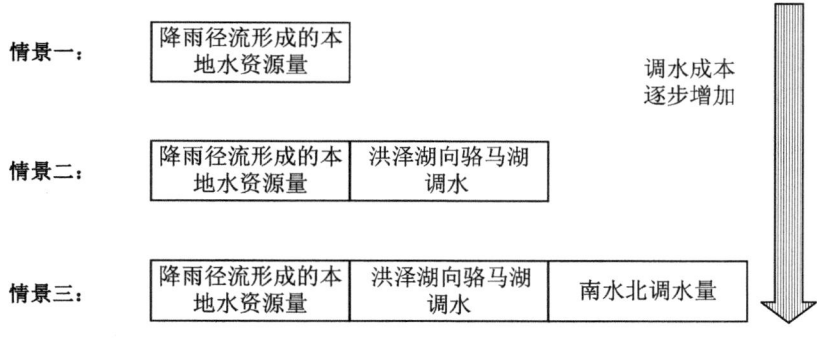

图3-4 多情景设置的供水成本构成

系统中主要涉及三种水量供给：①两湖集水面积内降雨径流形成的本地水资源量；②洪泽湖向骆马湖调水量；③南水北调水量。首先，本地水资源供给主要依托本地水资源供给工程调配，由天然产汇流关系形成的重力自流水，能耗较小，因此供水成本最低；其次，洪泽湖向骆马湖调水量主要依靠两湖间泵站逐级引水，需要消耗一定能源，因此供水成本高于本地水利用成本；最后，引江补给两湖供水线路长，能耗大，成本最高。因此，考虑到实际运行调度中供水成本对调度决策的影响，在保障用户相同的水量供给条件下，不同水源的供给应依供水成本的高低而具有不同优先级别（如图3-5）。因此，本书分别设定不同水源利用优先次序情景模拟逐步增加调水成本对水量供给及调度策略的影响：

（1）情景一：调水成本最低情景，仅考虑两湖本地水资源量利用，即公式(3-2)中变量 $W_t^1 \geqslant 0$、$W_t^2 = 0$、$W_t^3 = 0$，对应约束结果如下：

$$U_t^1 \geqslant 0, U_t^2 = 0, \sum_{j=1}^{N} E_t^j = 0 \tag{3-9}$$

（2）情景二：调水成本适中情景，结合考虑洪泽湖向骆马湖调水补给，变量 $W_t^1 \geqslant 0$、$W_t^2 \geqslant 0$、$W_t^3 = 0$：

$$U_t^1 \geqslant 0, U_t^2 \geqslant 0, \sum_{j=1}^{N} E_t^j = 0 \tag{3-10}$$

（3）情景三：调水成本最高情景，除两湖相机补水外进一步考虑引江供水，变量 $W_t^1 \geqslant 0$、$W_t^2 \geqslant 0$、$W_t^3 \geqslant 0$：

$$U_t^1 \geqslant 0, U_t^2 \geqslant 0, 0 \leqslant \sum_{t=1}^{T} \sum_{j=1}^{N} E_t^j \leqslant C \tag{3-11}$$

式中：C——南水北调工程年度调度计划中约定向研究区域协议调水量，单位为亿 m^3。

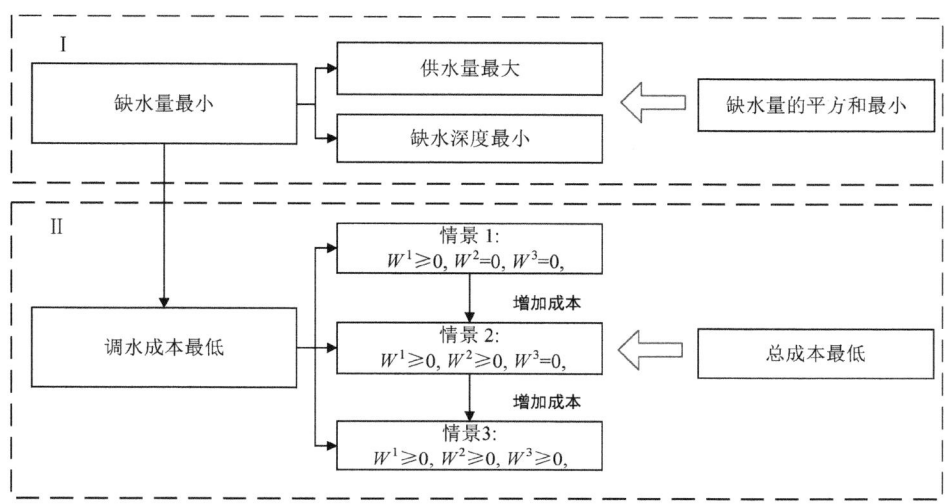

图 3-5 多情景调度优化调度流程图

3.4 计算结果

3.4.1 多情景下水量供需平衡结果

基于上述多水源水库群供水联合调度分层优化模型,以研究区1959—2013年两湖同期入流资料以及对应年型的需水预测结果作为模型输入,利用 Lingo 软件计算长系列资料不同情景下的水资源优化分配方案,图 3-6 为不同情景下区域用户综合缺水率结果。

情景一条件下,结果表明当洪泽湖来水频率大于 50% 且骆马湖来水频率大于 40% 时系统存在缺水,综合缺水率随洪泽湖、骆马湖来水的减少(来水频率增加表明来水量减少)逐步由 5% 增至 60%;情景二条件下,综合缺水率变化规律与情景一相似,启用洪泽湖向骆马湖调水补给在一定程度上可降低系统缺水率,尤其是当洪泽湖来水相对骆马湖来水丰沛时(洪泽湖来水频率在 40%~60% 且骆马湖频率大于 80% 时),此时洪泽湖

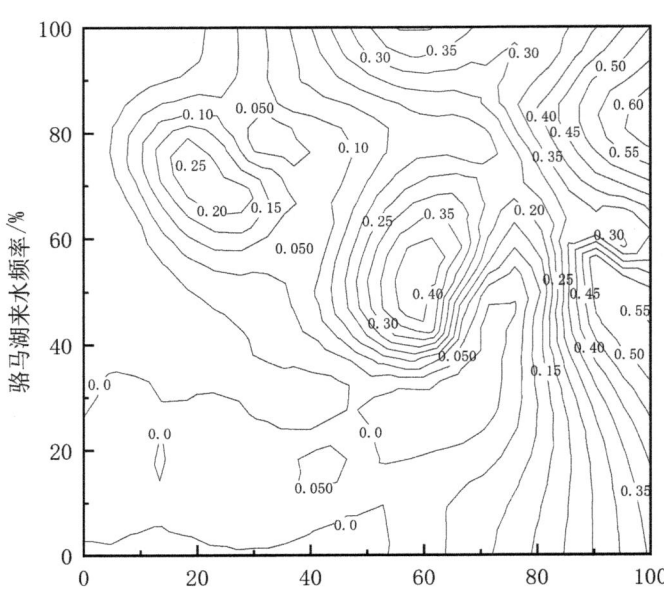

(a) 情景一

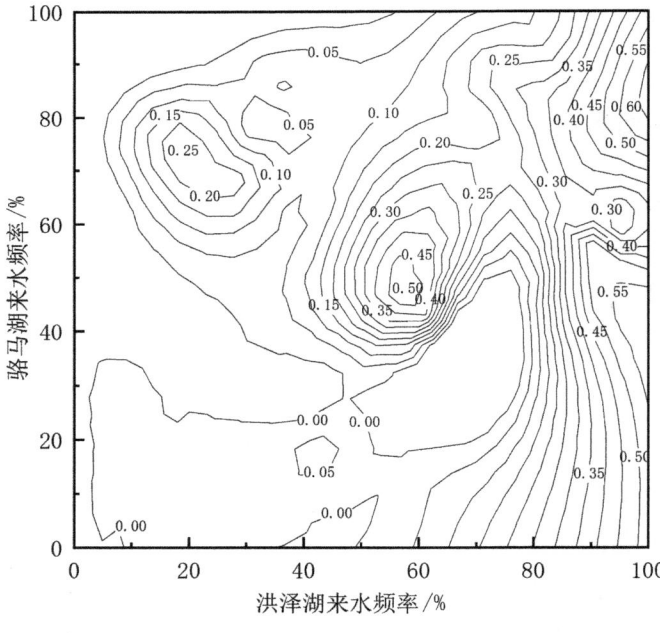

(b) 情景二

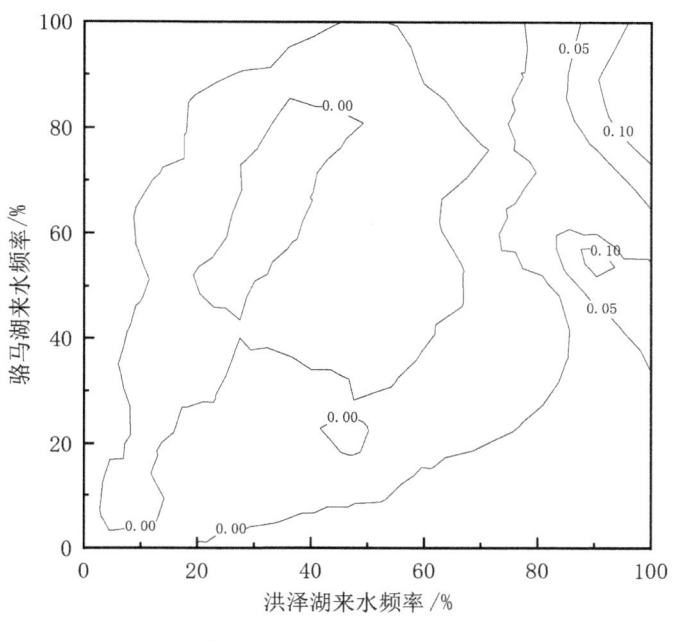

(c) 情景三，协议调水量 $C = 76$ 亿 m^3

图 3-6　不同情景下水资源系统长系列综合缺水率等值线图

对骆马湖的补偿作用有助于降低公共用水户及骆马湖周边用水户缺水量；情景三条件下，限定引江水量不超过协议调水量 76 亿 m^3。引江补给极大程度改善了系统缺水情况，缺水主要集中在洪泽湖来水频率大于 90% 且骆马湖来水频率大于 40% 的来水年型，综合缺水率在 5%～10% 之间浮动。综合以上各情景计算结果，在不引调江水补给的条件下，仅靠两湖间的互济作用对于改善系统缺水状况作用有限，相应的缺水情况较为严重，其系统缺水情况受洪泽湖来水变化影响更为敏感。

从长系列计算结果中选择最不利年型情景进行结果分析，选取 1999 年（洪泽湖来水频率 95%，骆马湖来水频率 95%），即两湖来水均为特枯来水年型。混合调水工程与蓄水工程的水资源调蓄系统在联合优化调度时可对水资源在时程、空间双重尺度上进行再调节：一方面通过蓄水工程调节,均化缺水时程分配避免深度缺水;另一方面通过调水工程的水资源空间调配,均化缺水的空间布局保证供水各对象之间的公平性,同时避免部分片区的深度缺水。图 3-7 为 1999 年不同用水户不同情景下逐月缺水率柱状图结论如下:情景三由于可利用水量的增加,与其余情景相比缺水率较小,大部分月份缺水率在 20% 左右(同月份其余情景缺水率在 60% 左右),江水补给作用明显;对于骆马湖来水较少的时段,情景一由于不考虑洪泽湖向骆马湖的相机补水,相应的该情景下骆马湖用水户由于供水不足导致缺水率较大,1 月至 6 月情景一骆马湖用水户缺水率与情景二相比略大,缺水率多了 10% 左右;对于不同用水户,当出现缺水情况时,逐月缺水率变化在某一时段内能保持均匀,避免了较大的缺水深度,符合限制供水调度的要求(表 3-3)。

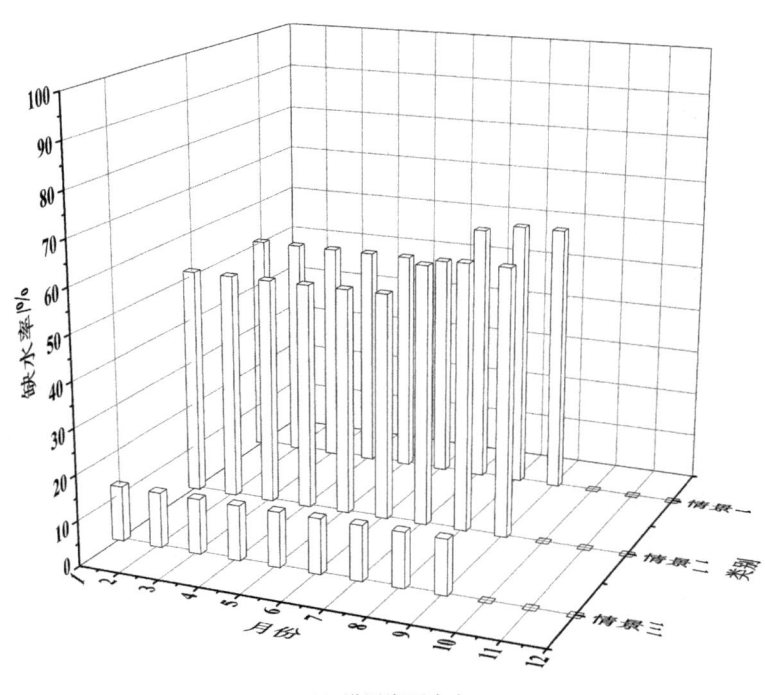

(a) 洪泽湖用水户

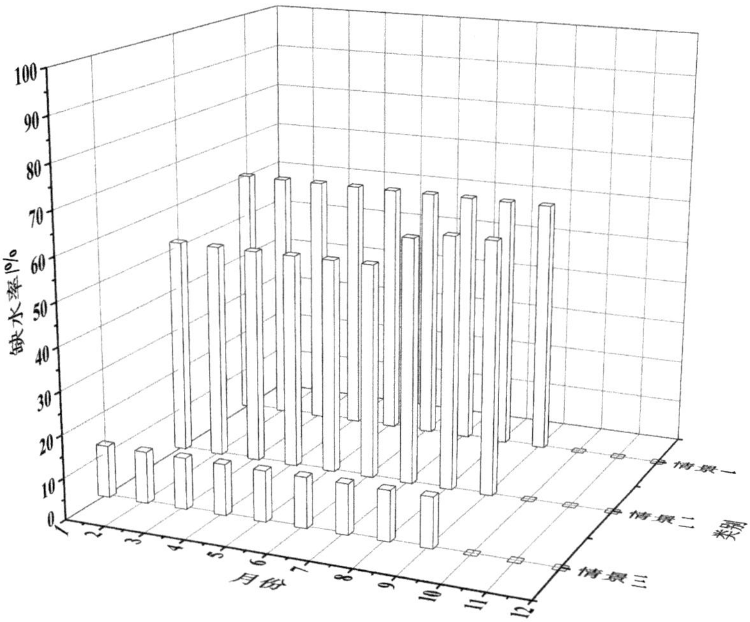

(b) 骆马湖用水户

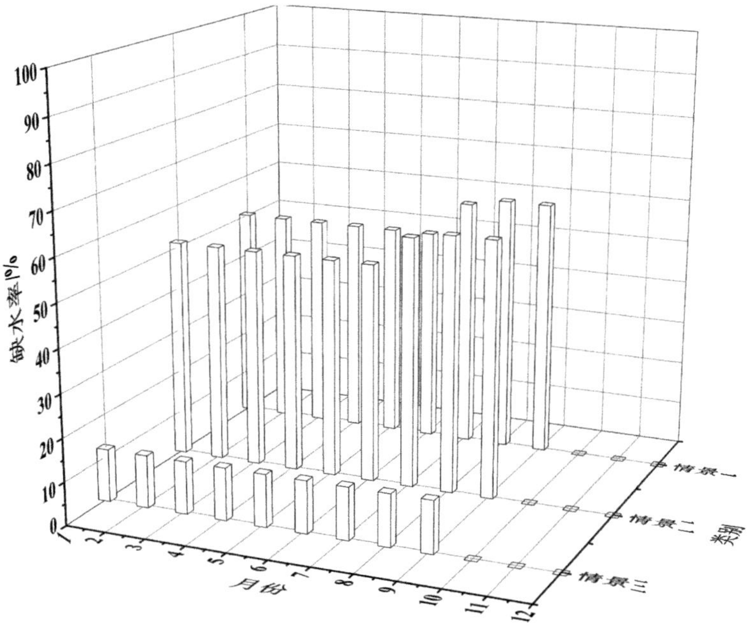

(c) 公共用水户

图 3-7　1999 年（特枯-特枯组合年型）不同用水户不同情景下逐月缺水率柱状图

表 3-3　1999 年不同用水户不同情景下逐月缺水率情况　　　单位：%

用户情景	洪泽湖周边用水户			骆马湖周边用水户			公共用水户		
	1	2	3	1	2	3	1	2	3
1月	50.3	51.2	12.2	60.1	51.2	12.2	50.3	51.2	12.2
2月	50.3	51.2	12.2	60.1	51.2	12.2	50.3	51.2	12.2
3月	50.3	51.2	12.2	60.1	51.2	12.2	50.3	51.2	12.2
4月	50.3	51.2	12.2	60.1	51.2	12.2	50.3	51.2	12.2
5月	50.3	51.2	12.2	60.1	51.2	12.2	50.3	51.2	12.2
6月	50.3	51.2	12.2	60.1	51.2	12.2	50.3	51.2	12.2
7月	58.5	58.5	12.2	60.1	58.5	12.2	58.5	58.5	12.2
8月	60.1	59.9	12.2	60.1	59.9	12.2	60.1	59.9	12.2
9月	60.1	59.9	12.2	60.1	59.9	12.2	60.1	59.9	12.2
10月	0.0	0.0	0.0	0.0	0.0	0.0	0.0	0.0	0.0
11月	0.0	0.0	0.0	0.0	0.0	0.0	0.0	0.0	0.0
12月	0.0	0.0	0.0	0.0	0.0	0.0	0.0	0.0	0.0

研究区涉及水源较多，供水结构复杂，前文从不同情景分析了不同用户不同来水条件下的水资源供需平衡情况，为了进一步对供水合理性进行分析，研究选择 1999 年作为典型年绘制逐月水库蓄水量、调水量变化过程图，如图 3-8 所示。对于情景一和情景二，由于洪泽湖和骆马湖调蓄库容变化规律相似（同丰同枯现象较为明显），因此在没有引江水补给的条件下，洪泽湖和骆马湖基本不存在两湖相机补水；对于情景二，6 月份洪泽湖向骆马湖进行了少量的调水，增加了下一时段骆马湖的调蓄库容，用于缓解骆马湖的供水压力，在一定程度上保证了供水各对象之间的公平性；情景三增加了引江水作为供水水源，极大地增加了系统的可供水量，整个调度过程遵循了"闲时补湖，忙时供水"的调度原则，其中 1 月份的引江作用在于补湖，目的是增加两湖的调蓄能力，为下一时段的供水提供一定程度的保障，6 月至 9 月份引江水量较大，而同时段两湖调蓄库容

在持续减小,因此这段时间内的引江目的是保障供水。本书通过合理的两湖互调和引江补给作用,最大限度地实现了区域水资源联合供水要求。

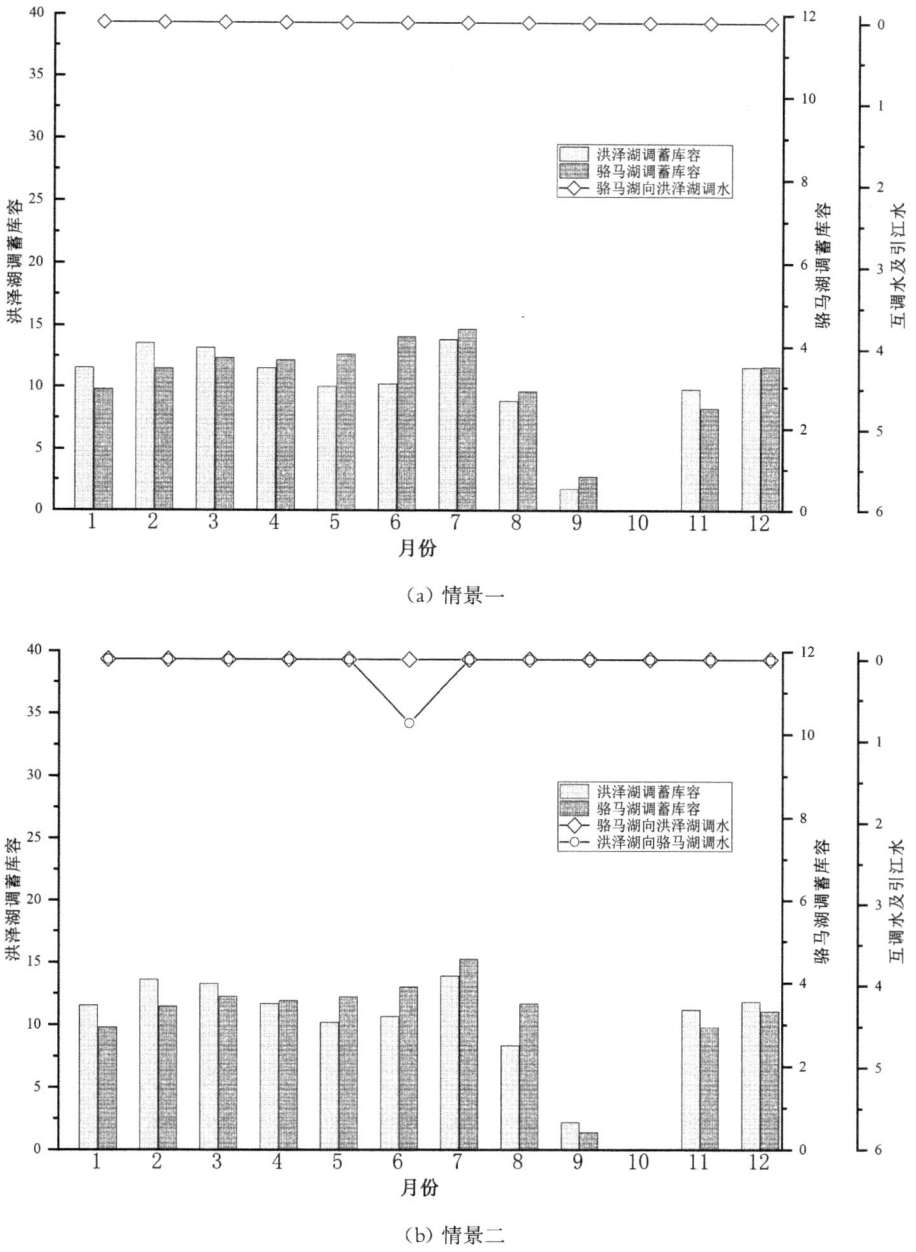

(a) 情景一

(b) 情景二

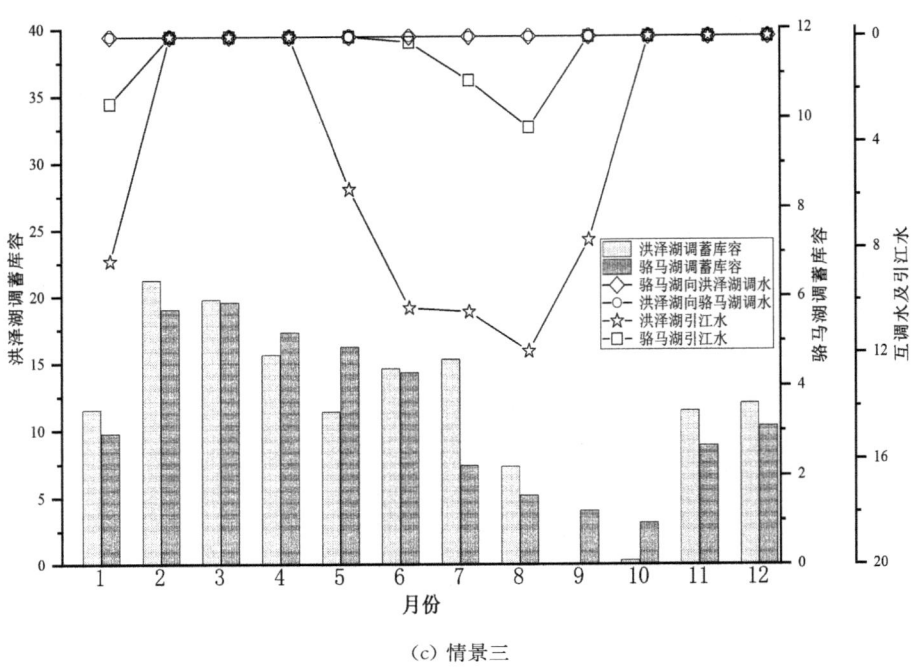

(c) 情景三

图 3-8 1999 年(特枯-特枯组合年型)逐月水库蓄水量、调水量变化过程图(单位:亿 m³)

3.4.2 协议引水量变化情景下的水量供需平衡结果

考虑到调水的经济成本以及协议调水量受调水区水资源丰沛程度、受水区用水需求等多方面因素影响,在工程设计协议供水量基础上设置不同协议调水量情景,分析各情景下系统供需平衡状况及最优调水量结果。

不同协议引水量会对水资源系统的供需平衡产生不同的影响,变化协议供水量进行相应的优化调度,即设置协议调水量的不同倍数(用 K 值表示),计算不同引江水量下水资源系统逐年的供需平衡状态,计算结果通过箱线图表示,如图 3-9 所示。随着 K 值的增加,即引江水量增多,整个水资源系统缺水情况逐渐改善,具体体现在如下几方面:长系列计算结果($SI^{1/2}$)的均值随着 K 值增加逐渐减少;箱体范围逐渐减小且趋于 0,系统逐渐向不缺水状态过渡。

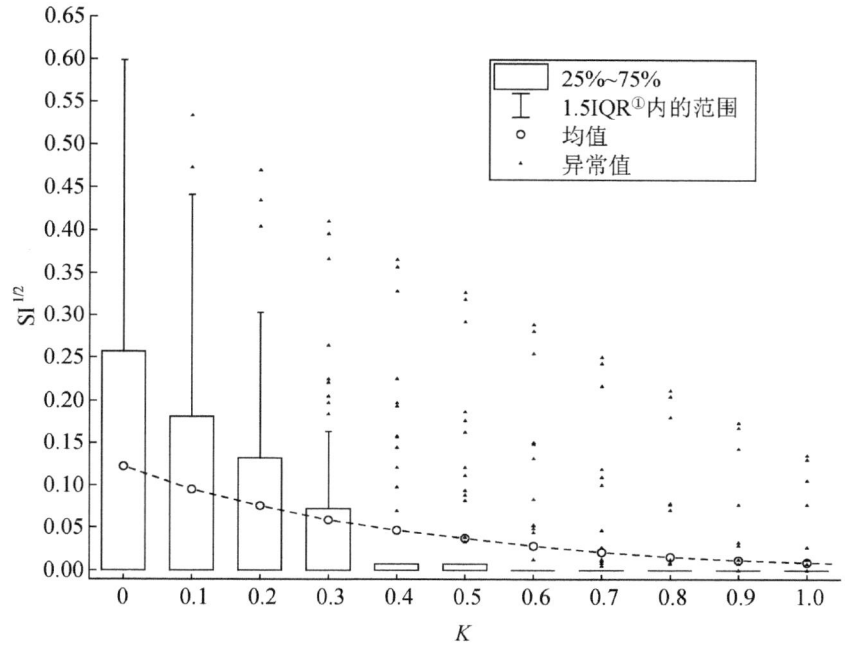

图 3-9　不同 K 值下水资源系统长系列综合缺水率箱线图

对于长系列计算结果($SI^{1/2}$)的均值过程线(绿线),当 K 值增加时,均值逐渐减少,相应的变化幅度减小。当 K 值从 0 变化至 0.5 时,箱体范围逐渐缩小,当 K 值增加至 0.6 时系统供水保证率达 78.2%,平均综合缺水率降低至 2.8%,此计算条件下的长系列绝大部分年型均不缺水,此时引、调江水对系统水资源短缺状况改善显著。当 K 值为 1,即引江水量达到协议供水量时,此时系统供水保证率达 89.1%,平均综合缺水率仅为 0.9%(图 3-10)。

---

① IQR 是"Interquartile Range"的缩写,指四分位距。

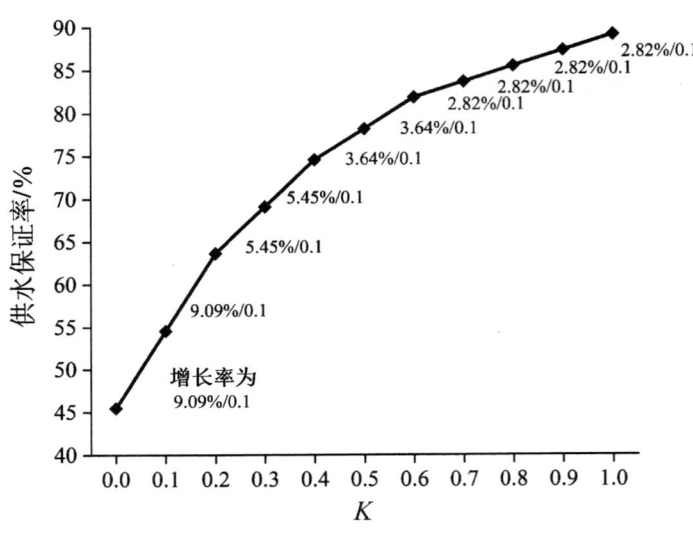

图 3-10　不同 K 值下供水保证率变化折线图

3.5　小结

含跨流域调水的多水源系统联合优化调度中涉及增加供水效益与降低供水成本的矛盾目标协调问题,本书以降低系统综合缺水率为优化目标,以限定外调水量为约束,综合考虑不同水源调度成本差异构建逐步启用外调水供给的多情景优化调度模型,以南水北调东线江苏段及洪泽湖、骆马湖为研究对象建模分析,主要结论如下:

(1) 在不启用外调水及洪泽湖调水的情况下,两湖的本地水资源能满足平水(结果表明当洪泽湖来水频率小于50%且骆马湖来水频率小于40%)及以上年型的用水户用水需求。当两湖来水偏枯时,研究区内用水户缺水率受到洪泽湖来水影响更为敏感。

(2) 当洪泽湖遭遇偏平及以上量级来水,且相对骆马湖来水丰沛时,启用洪泽湖向骆马湖调水可降低公共用水户及骆马湖周边用水户缺水量,一定程度上可降低系统缺水率。

(3) 在现行协议供水量条件下,引调江水可解决洪泽湖、骆马湖枯水年型组合下的缺水问题;在特枯组合来水年型下,综合缺水率在 5%~10% 之间。

(4) 多年平均条件下,引调 0.6 倍协议引江水量可将系统供水保证率提升至 78.2%,平均综合缺水率降低至 2.8%,该调水方案是均衡考虑降低系统缺水及引江水成本的折中方案。

第 4 章

结合实时来水水情的供水水库群启发式联合优化调度图研究

第4章 结合实时来水水情的供水水库群启发式联合优化调度图研究

针对来水已知的水库确定性优化调度理论已经较为成熟，但是实际运行调度中，由于调度图具有操作简单直观、物理意义明确等优点，是指导生产、获取合理调度方式的一种快捷、有效的途径，因此利用调度图来指导供水水库实际运行是目前生产单位较为普遍的方法。然而采用调度图确定调度方案时存在没有考虑实时来水、对于库群调度的适用性较差、难以达到全局最优等一些不可避免的缺点[116-118]，因此有必要对现有模型和优化算法进行改进，并提出了更为适应复杂调度情况的优化调度图。本书提出结合实时来水水情的启发式调度图，该调度图以时段可供水量作为决策指示变量，相比于蓄水量作为决策指示变量的调度图，不仅能够保留传统调度图操作简单直观、物理意义明确等优点，还能够更有效地利用实时来水，对于实际调度工作意义十分显著。

研究区具有水系复杂、水工程群较为集中等特点，为了更全面且合理地制定南水北调受水区水库群之间的联合调度决策方案，本书增加调水控制线作为洪泽湖、骆马湖的相机补水以及引江补湖的启动条件，与原有的供水控制线共同组成供水水库群联合优化调度图。首先推求洪泽湖、骆马湖的初始调度图，再利用基于轮库迭代法、轮线迭代法以及逐次优化算法计算得到两湖的启发式联合优化调度图，为研究区的水资源系统工程实际运行提供较为可靠的调度方式。

4.1 两湖联合优化调度图的概念模型

水库群联合优化调度图需要确定的最主要的问题应是：在系统总缺

水量最小的条件下,根据面临时段的两湖储水量状态、该时段的来水状况、下一阶段实时来水量和用水情况,通过优化调度,得出本时段最优引水、供水决策。水库群联合优化调度图的概念模型设计时需要详细考虑以下问题:

(1) 研究区域内水库的防洪安全。

(2) 区域供水量不足时如何限制供水。

(3) 区域供水量充足时的正常供水情况。

(4) 确定供水水库之间相机补水时机以及相应的补水量。

(5) 如何利用南水北调工程抽引江水缓解研究区缺水状况。

(6) 如何将实时来水考虑进调度图之中来增加调度的合理性。

(7) 调度图控制变量更换后相应的控制上下限的改变。

现有调度图优化问题基本未考虑实时来水信息,因此目前基于调度图的调度规则制定原则较为粗糙,相应的基于调度图的研究相对于其他调度规则相对较少,如何利用实时来水并制定与之相匹配的优化调度图值得进一步深入研究。

相比于传统优化调度图以水库初始蓄水量作为调度控制变量,本书提出以供水水库的时段初可供水量作为调度图的决策指示变量。对于可供水量定义如下:针对的不同典型年、水平年,通过各种水工建筑物,最大限度利用供水水源可提供的满足水质要求的水资源量。对于湖泊可提供的可供水量,主要包括目前的蓄水量(扣除死库容)和阶段入湖径流量,可以用如下公式来表述:

$$A_{i,t} = V_{i,t} + I_{i,t} \tag{4-1}$$

式中:$A_{i,t}$——t 时段末第 i 个水库的可供水量;

$V_{i,t}$——t 时段初第 i 个水库的蓄水量;

$I_{i,t}$——t 时段内第 i 个水库的天然来水量。

本书采用可供水量上限来控制研究区内供水水库调蓄库容,以防止水库内蓄水量过饱和,影响工程运行调度中的防洪安全;采用供水控制线来确定限制供水的条件,若时段可供水量低于该调度线时限制供水,否则正常供水;采用调水控制线控制水库之间相机补水的时机并且确定相应的补水量,以及在本地调水不足的情况下确定引江抽水条件以及相应的引江水量。

本次以供水水库的时段初可供水量作为调度图的决策指示变量,联合优化调度图的基本形式及其使用规则如下:以目标水库时段初可供水量为纵坐标,时段为横坐标建立调度图,依据水库的调水(当发生缺水时通过其他水库的调水以及长江补水)、供水(满足用户需水)功能分别建立调水控制线和供水控制线,各调度线之间不发生交叉,将调度图划分为3个区域。优化调度图的概念模型如图4-1所示。

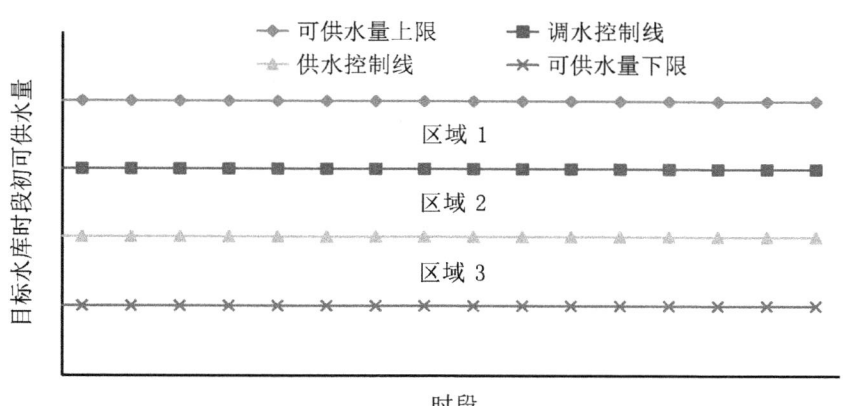

图4-1 两湖优化调度图的概念模型

调度图具体使用方法如下:

(1) 当时段初水库的可供水量位于供水控制线以上、可供水量上限以下(区域1、区域2)时,目标水库对其周边用户正常供水。

(2) 当时段初可供水量位于供水控制线以下、可供水量下限以上(区域3)时,目标水库对其周边用户限制供水,限制供水系数视缺水情况选取合理数值即可。

(3) 当时段初可供水量位于调水控制线以上、可供水量上限以下(区域1)时,此时目标水库可相机向其他水库翻水,最大调出水量为时段初可供水量与调水控制线之间的蓄水量。

(4) 当时段初可供水量位于可供水量下限以上、调水控制线以下(区域2、区域3)时,此时目标水库可相机接受其他水库的翻水,最大引水量为时段初水位与调水控制线之间的蓄水量;如果接受其他水库的补水后的水位仍位于该区域,此时抽引江水补充该目标水库。

(5) 当时段初可供水量位于可供水量上限以上时,此时为保证目标水库的防洪安全,需要对水库进行弃水,理想弃水量为时段初可供水量与可供水量上限之间的蓄水量;当时段初可供水量位于可供水量下限以下时,此时目标水库没有供水以及调水任务。

4.2 改进调度图的求解

跨流域调水的水库群优化调度需要考虑运行过程中的引水与供水问题,因此针对这类水库群调度图的制定过程较为复杂,有必要探索一种能够降低模型求解难度同时提高计算效率的方法。本书首先推求洪泽湖、骆马湖的初始调度图,再利用多重迭代算法对调度图进行降维求解。该求解方式可行且符合调度规律,可为其他类似库容优化调度提供参考。

4.2.1 初始调度图的确定

需要注意的是,基于跨流域调水的复杂水资源系统多目标联合调度具有较明显的不确定性,单纯利用优化算法很难得到最优解;制定高维、复杂的多水源联合优化调度图时易出现维数灾或陷入局部最优解的问题,因此结合调度经验、资料特征等信息来构建初始调度图是避免上述情况的发生的一种有效途径。

(1) 对于可供水量,由于天然来水量 $I_{i,t}$ 无法确定上下限,因此利用

公式(4-1)无法确定可供水量上下限。

利用水量平衡公式(4-2),可以将公式(4-1)转换为式(4-3):

$$V_{i,t+1}=V_{i,t}+I_{i,t}-R_{i,t} \tag{4-2}$$

$$A_t=V_{i,t+1}+R_{i,t} \tag{4-3}$$

公式(4-3)满足如下约束条件：

$$V_{i,t}^{\min}\leqslant V_{i,t}\leqslant V_{i,t}^{\max},\ R_{i,t}^{\min}\leqslant R_{i,t}\leqslant D_{i,t} \tag{4-4}$$

根据可供水量计算公式以及其变量的约束条件,可以计算得到可供水量的可行域,即为调度图的上下限,结果如下所示:

$$A_{i,t}^{\max}=V_{i,t+1}^{\max}+D_{i,t} \tag{4-5}$$

$$A_{i,t}^{\min}=V_{i,t+1}^{\min}+R_{i,t}^{\min} \tag{4-6}$$

式中：$A_{i,t}$——t 时段末第 i 个水库的可供水量；

$A_{i,t}^{\max}$、$A_{i,t}^{\min}$——分别为可供水量的上下限；

$V_{i,t+1}$——t 时段末第 i 个水库的蓄水量；

$V_{i,t}^{\max}$、$V_{i,t}^{\min}$——分别为水库蓄水量的最大及最小值；

$R_{i,t}$——t 时段末第 i 个水库对用户的供水量；

$D_{i,t}$——t 时段末第 i 个水库对用户的需水量；

$R_{i,t}^{\min}$——t 时段末第 i 个水库对用户的最小供水量。

综上所述,对于可供水量上下限,可用如下形式表示：①可供水量上限：本书为保证洪泽湖、骆马湖防洪安全,选取本时段最大库容与需水量之和组成可供水量上限,当可供水量超过上限时此时多余水量作为弃水处理；②可供水量下限：湖泊的蓄水位应控制在死水位以上变化,因此以本时段末最小库容和最小需水量之和(为简化问题,本书默认最小需水量为 0)之和作为可供水量下限。

(2) 供水控制线的目的是控制限制供水的时机和程度。根据第

3章中建立的优化模型及求解方法,输入洪泽湖、骆马湖1959—2013年入湖径流资料进行长系列模拟优化计算,并且根据计算得到的优化调度结果确定何时限制供水、具体供水量,进而确定两湖的供水控制线。

(3) 调水控制线的目的是控制启动两湖相机补水以及启动引江补湖。根据第3章中建立的模型及求解方法,输入洪泽湖、骆马湖1959—2013年入湖径流资料进行长系列模拟优化计算,并且根据计算得到的优化调度结果确定两湖的相机补水以及引江补湖的时机,进而确定两湖的初始引水、调水控制线。

4.2.2 优化方法

调度图模型的优化变量为水库调度线,其求解复杂性表现在:

(1) 优化变量多,属于多水库多用户优化调度,算法结构复杂,易陷入局部最优。

(2) 供水和调水控制线之间存在水库间复杂的时空联系以及水利联系,各调度线相互影响和制约,使得优化调度图的表现形式不再单一。

(3) 复杂水库群联合调度由于其需要考虑的变量较多,其求解计算的难点仍然是维数灾问题,该问题一直是制约模型计算效率的主要因素。为解决这一困难,提出有效的调度图降维方法具有较好的理论意义和实用价值。

4.2.2.1 模型建立

1) 目标函数

本书针对水资源调度模型的特点提出了相应的目标函数,因此直接利用上述目标函数进行优化调度图的求解:

目标1 系统总缺水量最小且时段缺水率均匀:

$$\min f_1 = \sum_{t=1}^{T} \sum_{j=1}^{n} \left\{ \left[X_j(t) - \sum_{i=1}^{m} G_{ij}(t) \right] / X_j(t) \right\}^2 \quad (4-7)$$

目标2　系统弃水量最小：

$$\min f_2 = \sum_{t=1}^{T} \sum_{i=1}^{m} Qs_i(t) \tag{4-8}$$

多目标处理：

$$\min f = a \cdot f_1 + b \cdot f_2 \tag{4-9}$$

2) 约束条件

水量平衡约束、蓄水量约束、供水能力约束、需水量约束、引江能力约束以及变量非负等约束已在前文详细说明，本节不再重复阐述。

除以上约束外，还需要考虑调度线不交叉原则，即

$$Z_{i,t}^{j-1} \leqslant Z_{i,t}^{j} \leqslant Z_{i,t}^{j+1} \tag{4-10}$$

式中：$i=1$——洪泽湖；

　　　$i=2$——骆马湖；

　　　$j=1,2,\cdots,4$——分别为可供水量下限、供水控制线、调水控制线、可供水量上限；

　　　$Z_{i,t}^{j}$——i 水源 t 时段的 j 调度线对应的蓄水位。

4.2.2.2　求解方法

本书构建了概化调度图降维框架，即采用多重迭代优化方法降低调度线的维度，进而降低调度图的复杂度，并结合实际调度经验规律的启发式信息。本书构建的模型涉及复杂的多维时空优化，需要进行三个层次的多重迭代：第一层次是供水水库群（洪泽湖、骆马湖）之间补偿调节关系；第二层次是供水水库优化调度图各调度线（供水控制线、调水控制线）之间的相互协调关系；第三层次是单一调度线自身的优化。对于不同层次制定与之对应的优化方法，利用轮库迭代法、轮线迭代法、逐次优化算法分别实现降低水库群维数、降低调度线维数、优化特定调度线的目的。

两湖优化调度图的多重迭代优化方法原理如图 4-2 所示,图 4-2 中:f 表示轮库迭代次数,i 表示特定的供水水库,N 为水库总数;x 表示轮线迭代次数,j 表示特定的调度线,M 为调度线总数;e 表示单一调度线优化次数,t 表示特定时间,T 为时段数。

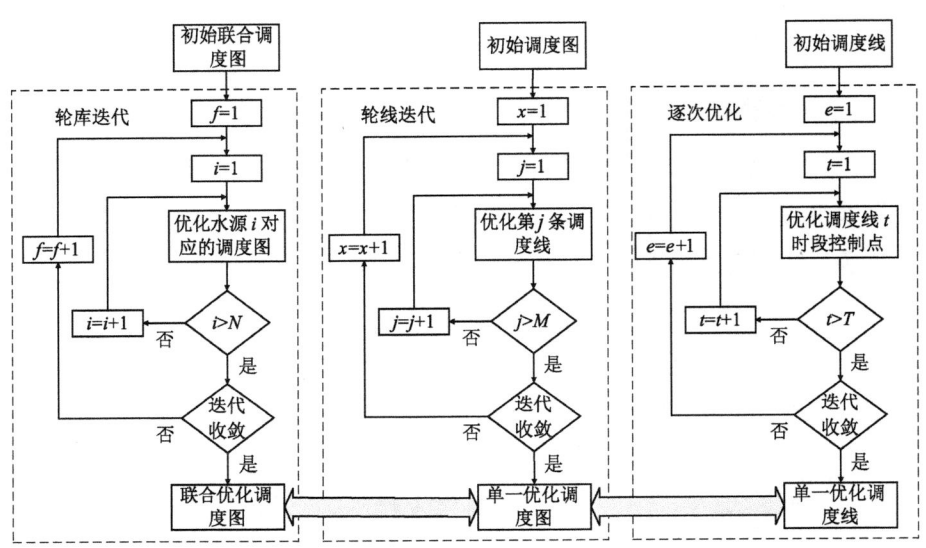

图 4-2　多水源联合调度图优化方法原理示意图

1) 轮库迭代法

轮库迭代法的步骤如下:

步骤 1:确定各供水水库的初始调度图 $\Omega_i(i=1,2,\cdots,N)$;

步骤 2:固定初始调度图 Ω_i,$i=2,\cdots,N$ 不变,优化第一个供水水库的调度图 Ω_1,以式(4-3)为模型目标函数,具体优化方法见下文针对单一水库的轮线迭代法和针对单一调度线的逐次优化算法,对于每组优化方案进行长系列模拟并计算目标函数值,取其中最优目标值所对应调度图作为第一个水库的阶段最优调度图 Ω_1^*;

步骤 3:固定阶段最优调度图 Ω_1^*,依次对第 $k(2 \leqslant k \leqslant N)$ 个供水

水库的调度图进行优化,即固定Ω_i^*($1 \leqslant i \leqslant k-1$)以及$\Omega_i$($k+1 \leqslant i \leqslant N$)不变,按步骤2进行相应计算,可得到第$k$个供水水库的阶段优化调度图$\Omega_k^*$;

步骤4:若目标函数最优值稳定在一个最优值或者达到最大迭代次数时,轮库迭代结束,否则$\Omega_i = \Omega_i^*$,$1 \leqslant i \leqslant N$,然后转步骤2重新进行计算。

2) 轮线迭代法

对于任意供水水库,其调度图Ω_i由M条调度线组成,将调度线由下至上进行排序,利用轮线迭代法实现各调度线的优化求解。

轮线迭代法的步骤如下:

步骤1:对于任意供水水库的调度图,确定其初始调度线,L_j($j=1$,2,…,M);

步骤2:固定初始调度线L_j,$j=2,…,M$不变,优化第一条调度线L_1,具体优化方法见下文针对单一调度线的逐次优化算法,对于每组优化方案进行长系列模拟并计算目标函数值,取其中最优目标值所对应的调度线作为调度图的阶段最优调度线L_1^*;

步骤3:固定阶段最优调度图L_1^*,依次对第k($2 \leqslant k \leqslant M$)条调度线进行优化,即固定$L_i^*$($1 \leqslant i \leqslant k-1$)以及$L_i$($k+1 \leqslant i \leqslant N$)不变,按步骤2进行相应计算,可得到调度图的第$k$条阶段最优调度线$L_k^*$;

步骤4:若目标函数最优值稳定在一个最优值或者达到最大迭代次数时,轮线迭代结束,否则$L_j = L_j^*$($j=1,2,…,M$),然后转入步骤2重新进行计算。

3) 逐次优化算法

对第i供水水库优化第j条调度线时,需要采用逐次优化算法进行单一调度线的优化计算,重点需要解决两个问题:

(1) 约束条件处理:对于某些约束如最小需水量约束,利用罚函数处理方法使其尽量满足约束,当约束满足时设定惩罚力度为0,否则在原目标函数基础上减去一个较大的正数作为惩罚。

（2）基于廊道约束的优化搜索：设置该约束限制以缩小寻优空间从而达到简化计算量的目的。

具体求解如下所示：

步骤 1：在可行域内拟定一条初始调度线 $Z_t(t=1,\cdots,T)$，其中 $Z_0^* = Z_0$ 和 $Z_T^* = Z_T$ 固定；

步骤 2：依据调度线不交叉原则，在约束条件内通过 $Z_t \pm dz$ 构建廊道，形成可行域 $[Z_t - dz, Z_t + dz]$；

步骤 3：依次向右滑动一个时段，令 l 等于 $1 \sim T$，优化 Z_l，固定 Z_t^* $(j=0,\cdots,l-1)$ 和 $Z_t(j=l+1,\cdots,M)$ 不变，对于每组优化方案进行长系列模拟并计算目标函数值，取其中最优调度值所对应点作为阶段最优的 Z_l^*，最终得到新的优化调度线 $Z_t^*(t=1,\cdots,T)$；

步骤 4：若优化后的调度线不触及廊道边界，转入步骤 5，否则重复重设初始调度线 $Z_t = Z_t^* (t=1,\cdots,T)$，转入步骤 2；

步骤 5：若目标函数最优值稳定在一个最优值或者达到最大迭代次数时，逐次优化结束，否则 $Z_j = Z_j^* (j=1,\cdots,M)$，然后转入步骤 2 重新进行计算。

4.2.2.3　计算结果

模型取洪泽湖、骆马湖 1959—2013 年入湖径流资料进行长系列模拟计算，调度期及计算时段、需水资料、约束条件与前文相同。利用第 4.2.1 节建立的模型以及求解方法，采用长系列模拟优化计算，迭代求解出洪泽湖、骆马湖联合优化调度图，如图 4-3、图 4-4 所示。

4.3　改进调度图合理性验证

根据图 4-3 以及图 4-4 所示的两湖优化调度图，从定性和定量两方面分析其合理性。

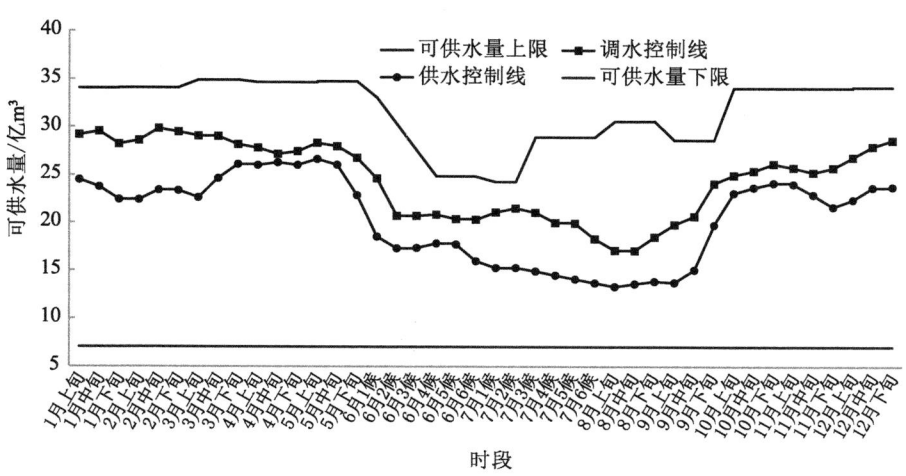

图 4-3　洪泽湖优化调度图

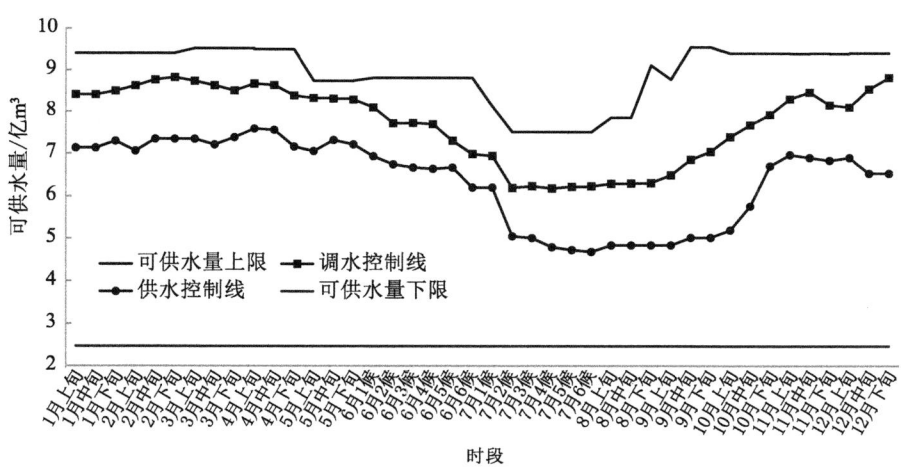

图 4-4　骆马湖优化调度图

4.3.1　定性分析

两湖调水控制线在非汛期明显高于汛期。这主要是由于一般情况下非汛期来水较少，为了满足研究区的需水以及两湖蓄水的要求，即使抬高调水控制线也不至于产生弃水；汛期来水较多，远远超过了研究区的需水要求,降低调水控制线,有利于减少本湖弃水,增加两湖相互补水,提高水资源利用率和供水保证率。

调水控制线在汛期呈现明显的分化现象,即 6 月份两湖的控制线明显高于汛期其他时段的控制线。由两湖汛期多年平均来水以及需水过程线(图 4-5)可知,两湖来水在 6 月上旬明显低于当前时段的需水量,总计约 10 亿 m³ 的缺水量,所以在该时段需要大量引江抽水以及利用两湖自身调蓄能力来缓解研究区域的缺水情况,而该时段大量利用两湖蓄水又会导致湖泊蓄水位的降低,后续一段时间内仍然需要抽引江水来抬高两湖水位。为了在 6 月份尽量保持两湖较高蓄水位以及增加引江水量,需要抬高调水控制线。

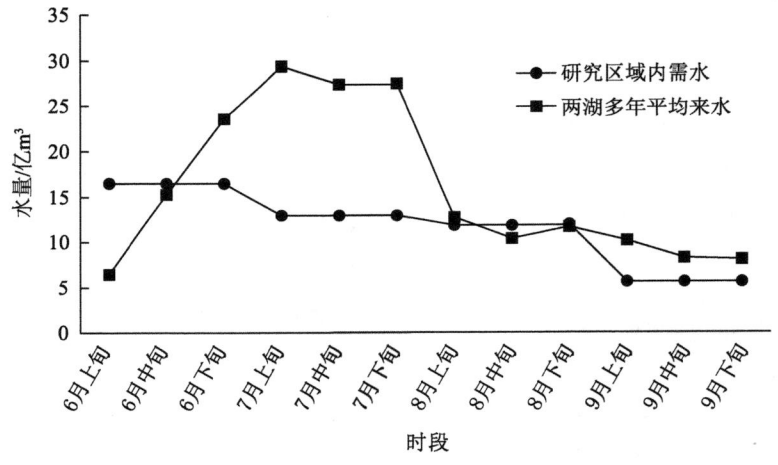

图 4-5 汛期两湖多年平均来水以及需水过程

4.3.2 定量分析

利用第 4.2.2 节所绘制的两湖联合优化调度图,输入两湖 1959—2013 年入湖径流资料进行长系列模拟计算,得到不同年份的调度结果。为便于分析,将两湖年来水量排频,选择来水频率接近 25%、50%、75%、95%(分别对应丰、平、枯、特枯水年)的 4 个典型年份的计算结果,分析所绘制调度图的合理性与有效性。所选年份的来水过程以及需水过程如

图 4-6 所示。

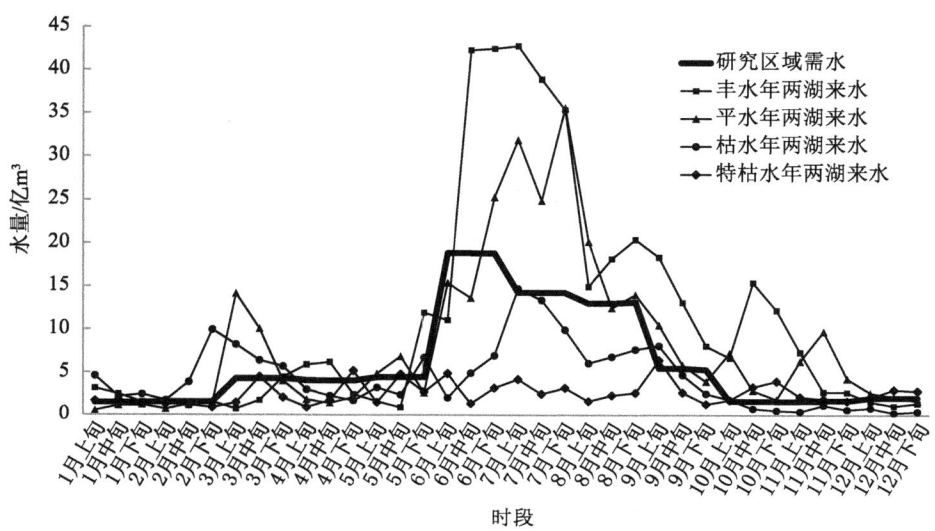

图 4-6　各典型年两湖来水以及需水过程

（1）由模拟运行调度结果可知，丰、平、枯水年供水不发生破坏，特枯水年供水发生破坏，各个典型年洪泽湖、骆马湖蓄水位变化过程如图 4-7、图 4-8 所示。

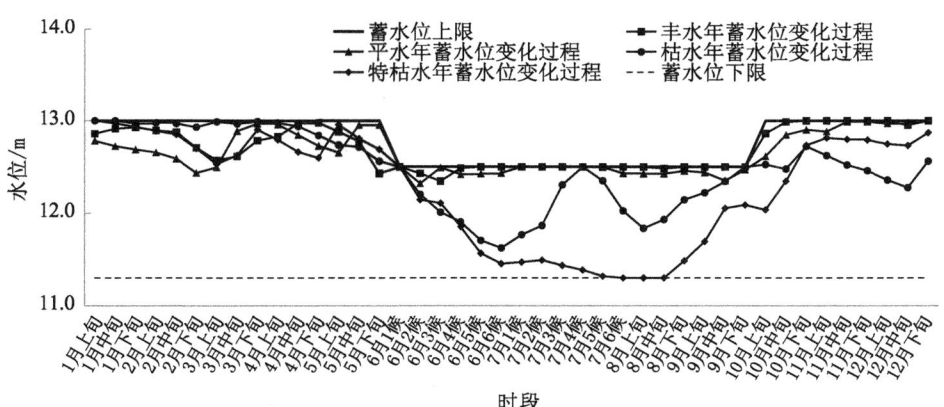

图 4-7　各典型年洪泽湖蓄水位变化过程

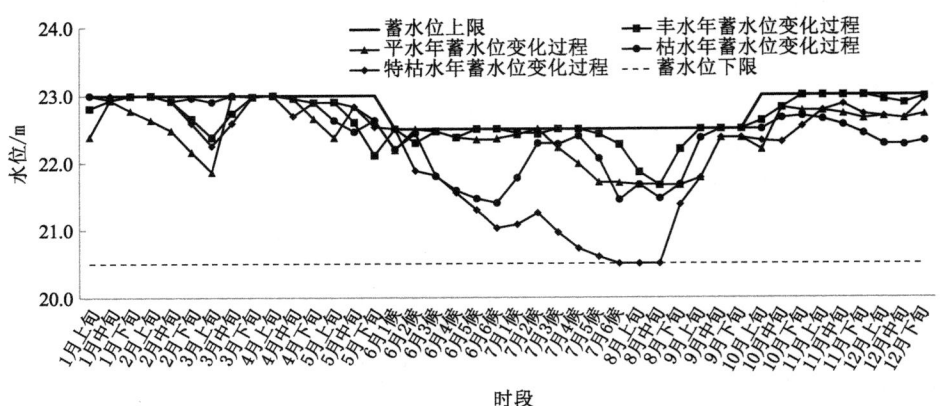

图 4-8　各典型年骆马湖蓄水位变化过程

由图 4-6 可知,丰、平、枯水年的两湖来水存在明显的汛(6 月至 9 月)枯季差异,汛期来水较多而枯水期来水较少;特枯水年的两湖全年来水较少,汛、枯季来水差异不大。研究区内的用户需水主要集中在 6 月份至 8 月份,特枯水年相应时段的来水远远小于需水值,依靠两湖水量以及长江北调水源难以满足研究区的用水需求,因此发生供水破坏的情况。

由图 4-7、图 4-8 可知,两湖最低、最高蓄水位分别接近死水位和蓄水位上限,充分发挥了湖泊的调蓄能力。枯季蓄水位的一般情况下高于汛期,这主要是由于枯季来水较少,应尽量蓄水防止后期供水深度破坏的情况发生,而汛期来水较多,应尽量利用蓄水,防止后期产生大量弃水的情况发生。丰水年和平水年两湖来水较多,仅依靠天然来水能够基本满足研究区域内的需水要求,因此两湖的蓄水位保持在较高的位置;枯水年 6 月份以及 8 月份两湖天然来水远远不能满足研究区域内的需水要求,为了尽可能增加供水,此时需要两湖的蓄水来满足供水要求,因此两湖 6 月份以及 8 月份蓄水位较低;特枯水年 6 月至 8 月份两湖来水较少,远远不能满足研究区域内的需水要求,因此两湖 6 月份至 8 月份蓄水位较低(表 4-1、图 4-9)。

表 4-1　特枯水年缺水时段及缺水量　　　　　单位：万 m³

缺水时段	缺水量
6 月 5 候	7 558
6 月 6 候	7 606
7 月 1 候	7 396
7 月 2 候	7 496
7 月 3 候	7 596
7 月 4 候	8 817
7 月 5 候	28 707
7 月 6 候	29 801
8 月上旬	17 930
8 月中旬	10 235

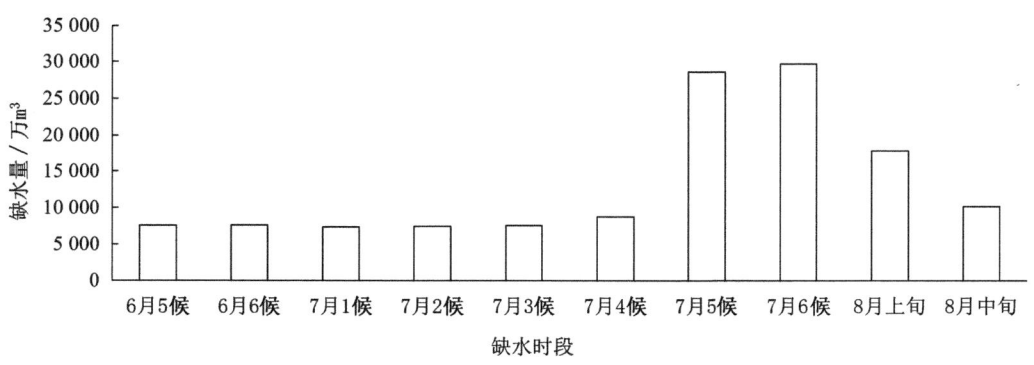

图 4-9　特枯年份缺水情况统计图

（2）洪泽湖、骆马湖的相机补水过程见图 4-10、图 4-11，弃水量过程见图 4-12、图 4-13。由于两湖之间通过密布河网彼此联通，当来水发生丰枯遭遇时，可以启动两湖相机补水来实现水量互补，以提高整个系统的水资源利用率。我们希望调度过程中不会产生额外的弃水，即调度过程合理有效。

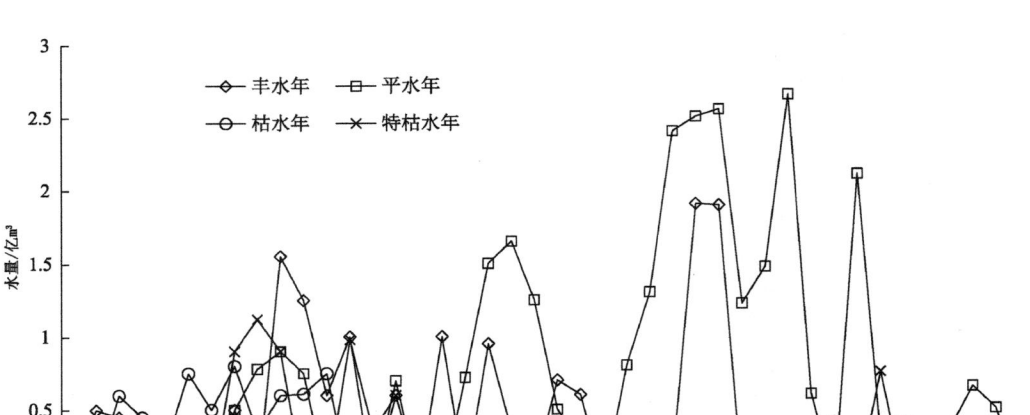

图 4-10　不同典型年下洪泽湖补骆马湖水量过程

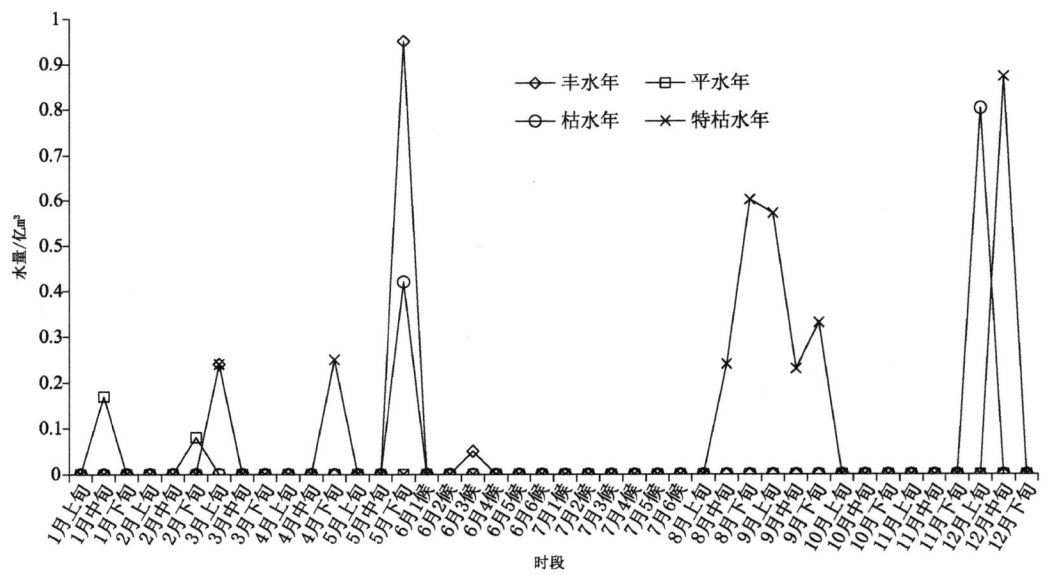

图 4-11　不同典型年下骆马湖补洪泽湖水量过程

第4章 结合实时来水水情的供水水库群启发式联合优化调度图研究

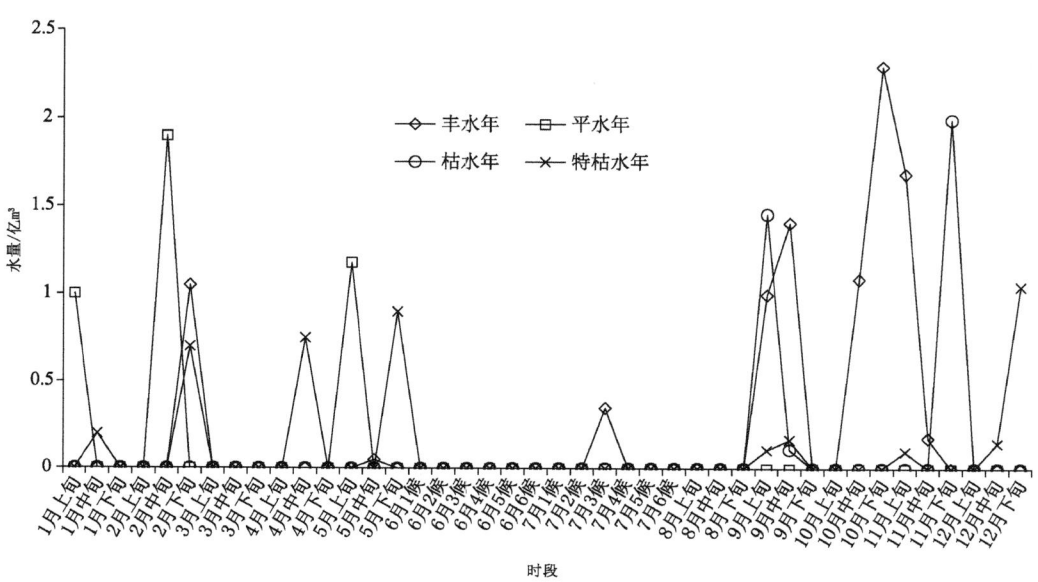

图 4-12 不同典型年下骆马湖弃水量过程

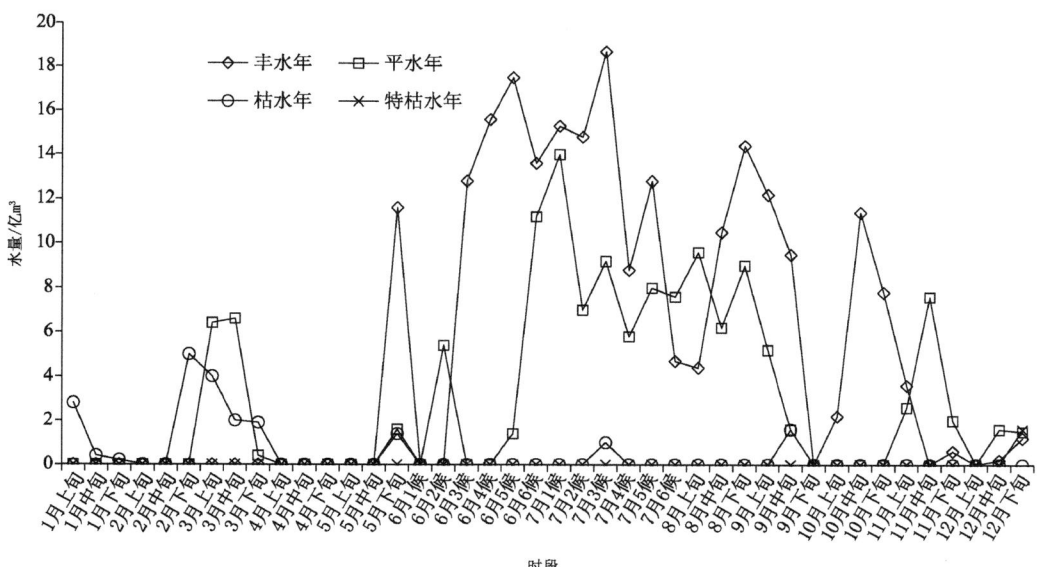

图 4-13 不同典型年下洪泽湖弃水量过程

由图 4-10 以及图 4-12 可知,不同典型年下骆马湖作为受水水源接受洪泽湖的补水,不仅在供水次数而且在供水量上都远远多于洪泽湖作为受水水源的补水。由于洪泽湖天然来水较多而且兴利库容较大,相应的对水资源的调节能力也越强,因此洪泽湖作为调水水源对于两湖优化调度起到更为重要的作用。

由洪泽湖、骆马湖相机补水以及弃水过程可知,不同典型年下两湖启动相机补水来提高整个调度系统的水资源利用率,调水期间受水水源不产生弃水,调度过程合理有效。两湖在丰水年以及平水年由于来水较多,因此两湖在满足自身需水任务的情况下产生大量弃水,为了减少弃水的产生,此时两湖之间相机补水次数也较为频繁;而枯水年以及特枯水年两湖来水较少,特别是6月份至8月份属于用水高峰时期,两湖在满足自身需水任务的情况下余水较少甚至不能满足自身需水任务,此时两湖之间相机补水的次数以及补水量均大大减少。

(3) 当两湖的天然来水不能满足研究区域内的用水需求时,需要通过抽引江水来保证供水,满足研究区用水户的用水需求。当两湖蓄水位较低时,需要通过增加引江水量抬高蓄水位,以保证后续的供水尽可能不遭受破坏。综合图 4-5、图 4-7、图 4-8 以及表 4-2 可知,两湖引江均发生在蓄水位较低且来水基本不能满足需水的时段。例如,枯水年 6 月份两湖蓄水位较低且来水不能满足需水要求,因此需要通过大量抽引江水来满足供水以及蓄水要求;特枯水年 6 月份至 8 月份抽引江水量已达上限,不能通过加大引江水量来增加两湖的供水量,因此特枯水年的缺水属于正常情况(图 4-14)。

表 4-2　各典型年引江水量逐时段分配过程　　　　　　单位:m^3/s

时段	丰水年	平水年	枯水年	特枯水年
1月上旬	0	339	0	0
1月中旬	0	0	0	0

(续表)

时段	丰水年	平水年	枯水年	特枯水年
1月下旬	0	0	0	0
2月上旬	0	0	0	0
2月中旬	0	0	0	0
2月下旬	0	444	0	0
3月上旬	608	608	0	608
3月中旬	608	0	0	608
3月下旬	0	0	0	0
4月上旬	0	0	0	0
4月中旬	0	0	0	330
4月下旬	0	0	0	608
5月上旬	0	608	0	0
5月中旬	0	0	445	0
5月下旬	608	0	0	373
6月1候	0	501	501	0
6月2候	608	608	608	608
6月3候	608	0	608	608
6月4候	0	0	608	608
6月5候	0	0	608	608
6月6候	0	0	608	608
7月1候	0	0	608	608

（续表）

时段	丰水年	平水年	枯水年	特枯水年
7月2候	0	0	608	608
7月3候	0	0	0	608
7月4候	0	0	0	608
7月5候	0	0	0	608
7月6候	0	0	608	608
8月上旬	0	0	608	608
8月中旬	0	0	257	608
8月下旬	0	0	0	608
9月上旬	0	0	0	521
9月中旬	0	0	0	0
9月下旬	0	0	0	0
10月上旬	0	0	0	546
10月中旬	0	0	608	608
10月下旬	0	0	0	0
11月上旬	0	0	0	0
11月中旬	0	0	0	0
11月下旬	0	0	0	0
12月上旬	0	0	52.1	0
12月中旬	0	0	466	0
12月下旬	0	0	0	0

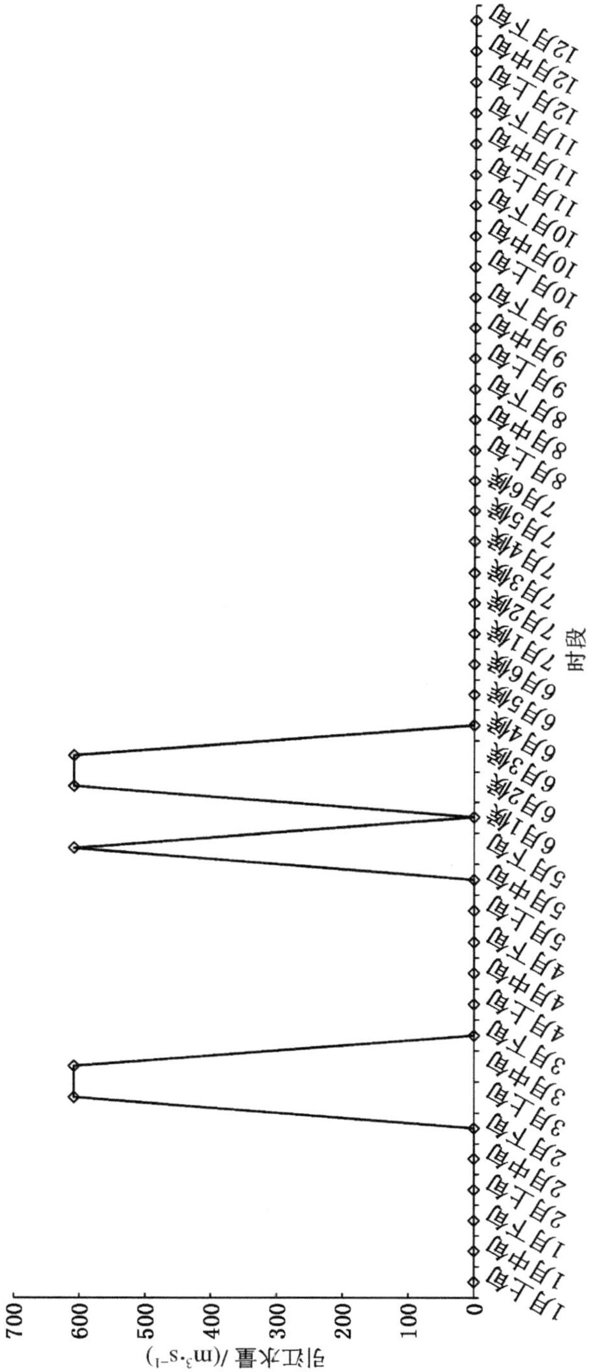

第 4 章　结合实时来水水情的供水水库群启发式联合优化调度图研究

(a) 丰水年

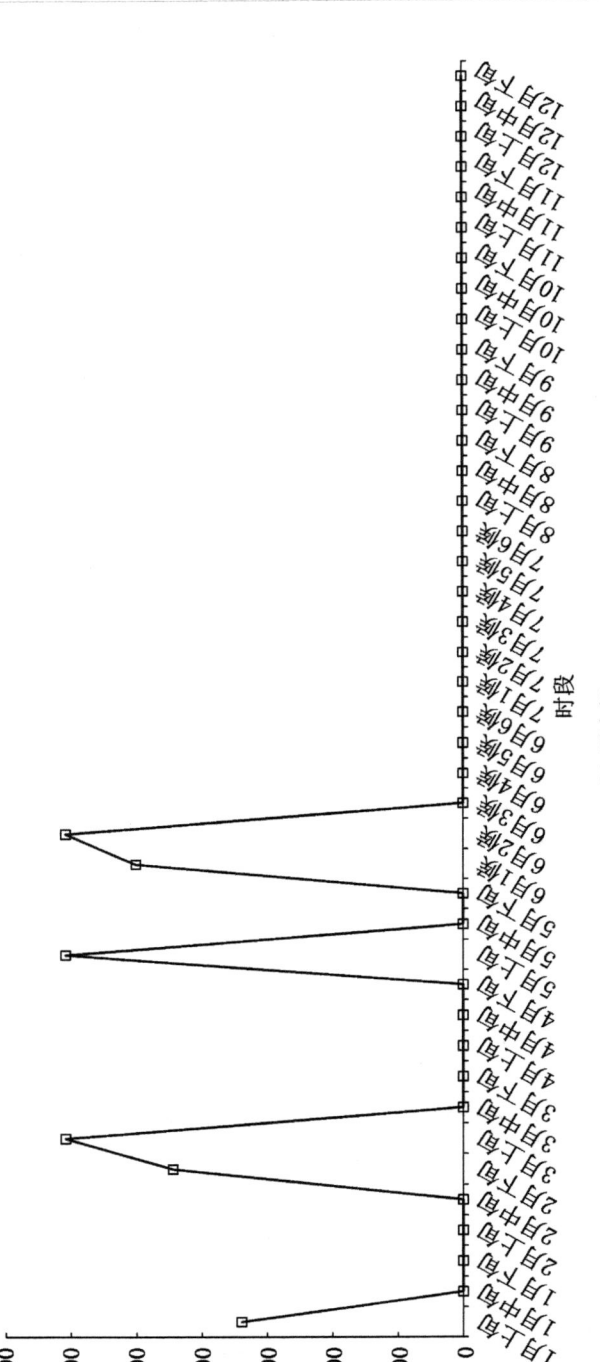

(b) 平水年

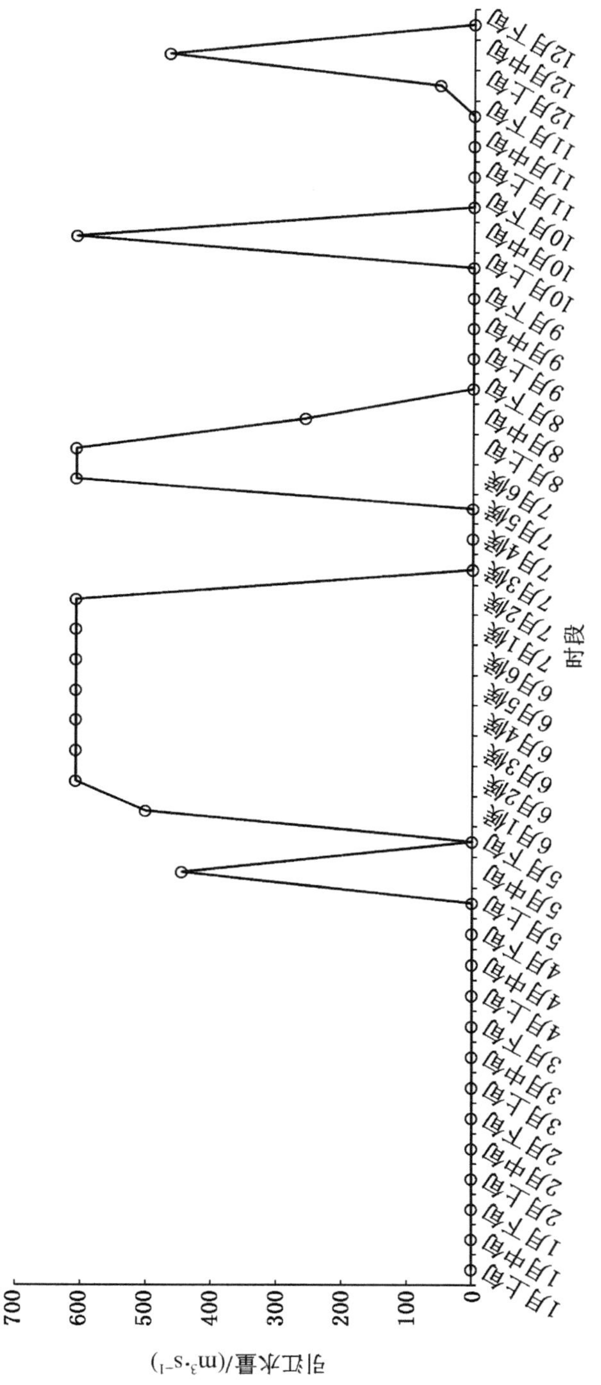

第4章 结合实时来水水情的供水水库群启发式联合优化调度图研究

(c) 枯水年

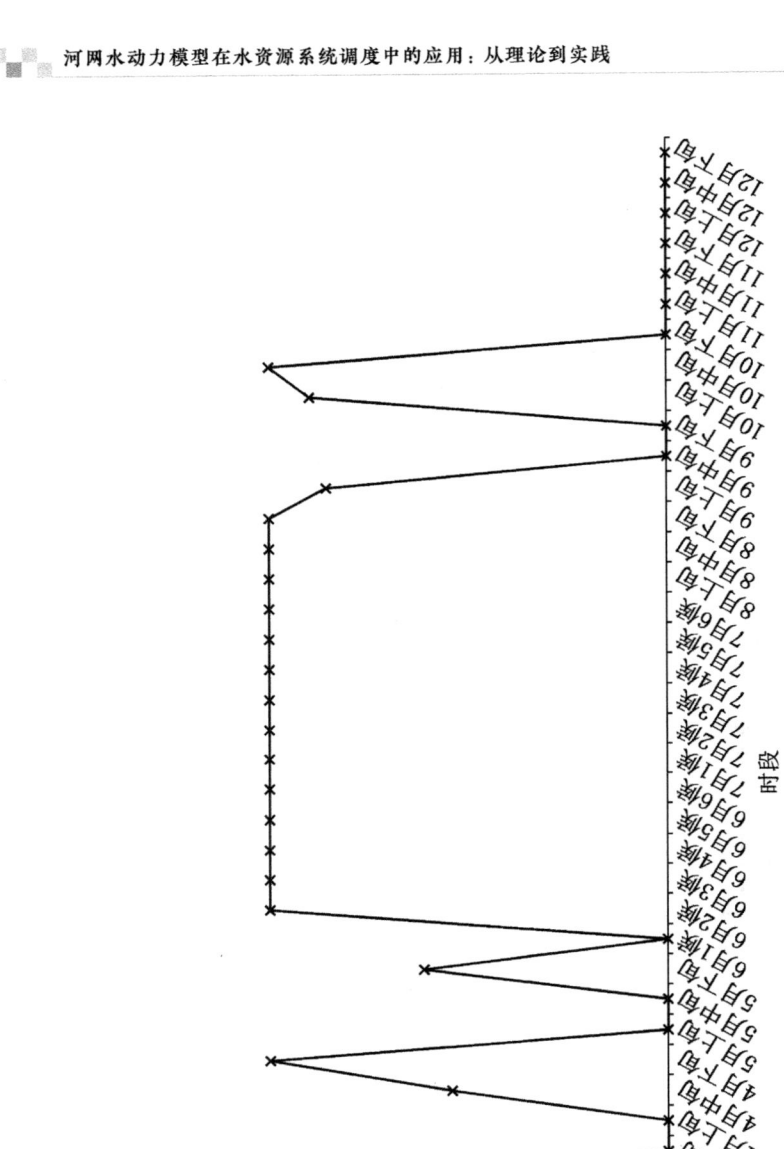

(d) 特枯水年

图 4-14 各典型年引江水量逐时段分配折线图

4.4 小结

本书提出结合实时来水水情的启发式调度图,该调度图以时段可供水量作为决策指示变量,相比于蓄水量作为决策指示变量的调度图,不仅能够保留传统调度图操作简单直观、物理意义明确等优点,还能够更有效地利用实时来水不断调整调度策略以减少调度过程中存在的供水不足问题,对于实际调度效果提升十分显著。

本章以时段可供水量为决策变量,结合时段入湖水量、研究区用户需水量,以总缺水量最小且时段缺水率均匀、弃水量最小为目标建立长江、淮河、沂沭泗多水源联合优化调度模型,采用轮库迭代法、轮线迭代法以及逐次优化算法,优化计算得到两湖优化调度图,并从定性、定量两个角度对得到的调度图进行了合理性分析。具体总结如下:

(1)以总缺水量最小且时段缺水率均匀、弃水量最小为目标建立长江、淮河、沂沭泗多水源联合优化调度模型,利用轮库迭代法、轮线迭代法、逐次优化算法分别实现降低水库群维数、降低调度线维数、优化特定调度线的目的。

(2)在多目标的处理上,采用线性加权法将多目标模型转换为单目标,优化引江抽水过程,求解出兼顾多个目标的联合调度图,并进一步提炼联合调度规则。

(3)从定性和定量两方面分析所绘制优化调度图的合理性,分析结果表明所得调度图合理可行。在满足受水区用水需求的同时,引水过程更加合理有效,符合蓄水工程运行调度的规则。

第 5 章

基于多水源模拟优化耦合的水资源精准化配置

第 5 章 基于多水源模拟优化耦合的水资源精准化配置

水资源系统主要描述天然水在自然界和人类社会下的迁移运动,可以看作一个极为复杂的多维模拟模型。目前关于水资源优化的研究通常是将水资源系统内各要素进行概化成一个个计算节点,并且利用大量数学方程将各计算节点间的水利联系进行数字化。这种单纯利用数学公式的模型构建方式虽然降低了模型构建与解析的复杂程度,但是却不能精准化描述水资源系统的运行过程,不能有效地模拟并实现水资源系统的优化运行。

水资源模拟模型由于其涉及变量较多,难用代数方程表示,如果单纯机械地将模拟模型代入优化模型计算极易产生维数灾等问题。此时需要对水资源模拟模型进行降维,在基础上利用合适的优化算法进行计算[119-120]。本书将传统的水资源优化调度模型与水资源模拟模型相耦合,克服水资源优化模型以及模拟模型时空尺度上的差异性,达到同时兼顾优化和模拟两个特征。通过优化调度预案—实时调度—修正反馈—重新优化调度的反馈、循环过程,提高优化调度水平,从而建立以水资源配置为抓手的调度"导航"系统,为提出真正契合研究区实际需求且秉持节水优先精髓的调度方案、实现调水工程集群高效用水优化调度方式提供较为科学的技术支撑。

本章基于供水水源结构优化、水利工程集群响应机理研究,制定结合雨情、水情、工情等多元联合调度方案,进行实时调度计算。以水资源优化目标为导向,水资源模拟模型作为水资源优化模型的约束条件,利用大系统理论将优化和模拟模型中相同变量进行时间尺度上的统一,并且在此基础上不断修正计算结果,为完善水资源模拟优化耦合理论体系提供技术支持。

5.1 基于数字河网的水文水动力模型

5.1.1 平原河网区水资源系统概化与拓扑建模

平原河网区域水系结构复杂，主要反映在自然水系和人工建筑物之中，这些复杂的水文要素使得平原河网地区的水文特征变得极难描述，如何从大量的水文要素中提炼能够准确描述水文要素之间拓扑关系的数字化信息，实现水资源系统的高度概化，是构建水资源模拟模型的首要问题与重中之重。

水资源模型的概化需要借助模拟软件进行数字化，本章主要利用 ArcGIS 软件进行系统的操作。概化要素主要包括河道交汇点、取水点、水利工程以及调蓄湖泊，具体结果如表 5-1 及图 5-1 所示。

表 5-1 供水网络节点概化明细

概化项目	概化结果/(个·条$^{-1}$)		
河道概化	河道数		17
节点概化	闸站枢纽节点	参与调度的闸、泵	177
		船闸	77
	普通河道节点	普通河道节点	264
	控制与管理节点	县级行政管理节点	66
		水资源管理节点	12
		水文监测点	34
		二级地级行政断面	63
		四级水资源分区	10
	边界节点	边界节点	31
	用水户节点	用水户	173
		取水口门	213
湖泊概化	调蓄节点		4

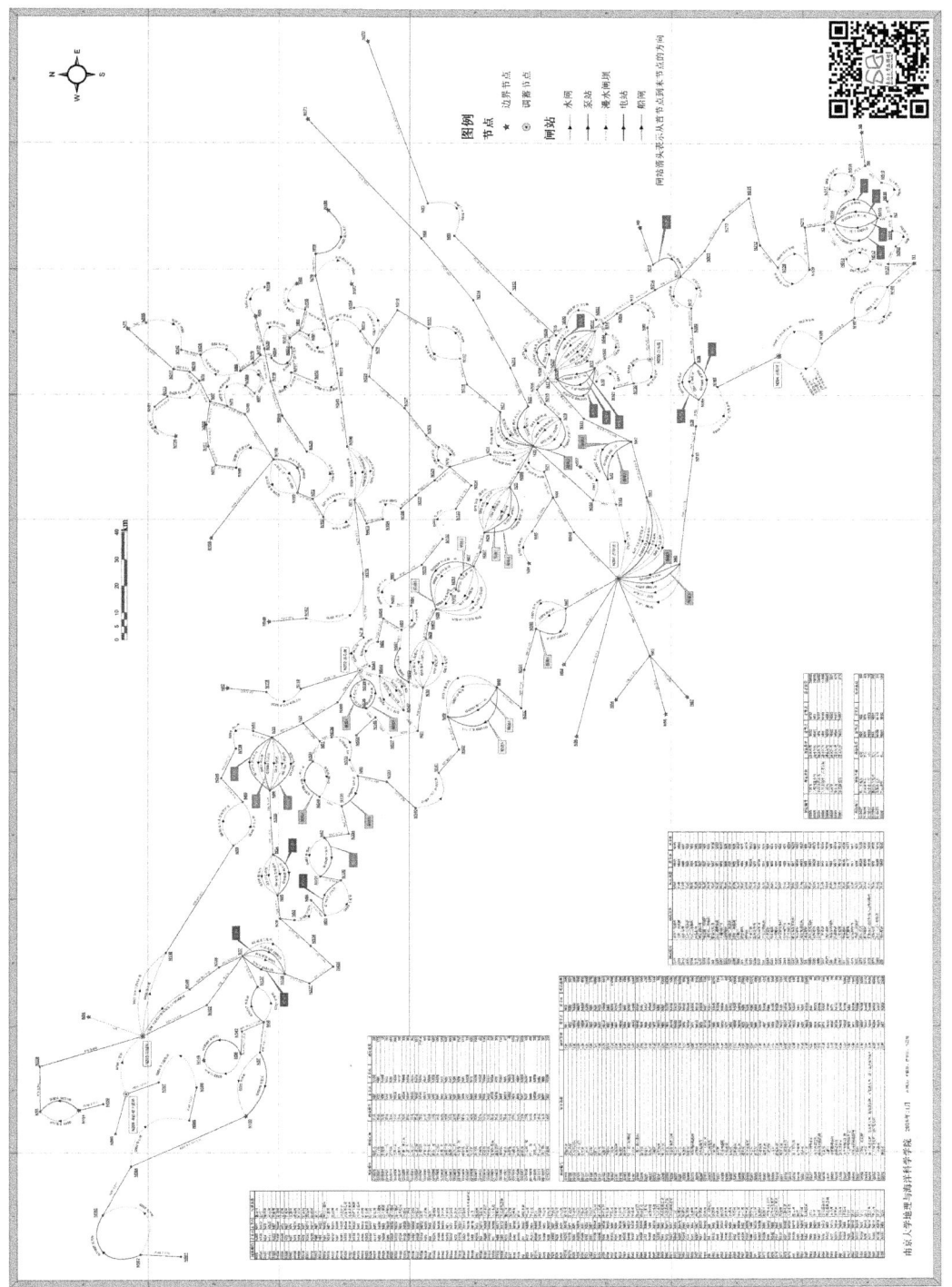

图 5-1 研究区水资源系统概化图（扫码见彩图）

(1) 对河道进行概化：根据河道的规模和作用，将其概化为输水干线、支线以及其他河道，为方便计算，概化后的河道断面均为梯形断面。

(2) 对节点进行概化：根据调度要求和实际运行需要，将其概化为闸站枢纽节点、普通河道节点、控制与管理节点、边界节点、用水户节点等，并根据搜集资料对以上节点进行进一步的细分。

(3) 对湖泊进行概化：概化湖泊作为调蓄节点使用，主要有洪泽湖、骆马湖等具有调蓄作用的湖泊，为简化计算本书将这些水库作为 0 维调蓄节点代入计算公式（仅考虑水位库容曲线）。

5.1.2 平原河网区水文模型的构建

流域水文模型一般是以描述水文现象的物理概念和对应的公式为基础构建的模型，一般以流域下垫面作为物理基础进行概化，如建立线性水库公式、进行土层划分以及绘制蓄水容量曲线等，并结合经验公式模拟水文过程，如绘制下渗曲线、汇流单位线、计算蒸散发公式等。概念性水文模型可以分为集中式和分散式两种类型：前者将全流域作为一个完整对象来研究，其核心在于默认研究区内所有水文变量具有一致性；后者将流域按下垫面特征分为若干特性不同的计算单元，各单元分别采用不同的水文参数，其后将不同单元之间通过水力联系和水量平衡原理进行连结，并最终通过汇流计算模拟全流域的水资源运行（图 5-2）。

5.1.2.1 产流模型

产流是指流域内下垫面对降雨的再分配，即需要模拟流域内各种径流的产生，不同类型的产流方式主要由流域下垫面构成来决定。本章根据所得资料分析研究区土地实际情况，将下垫面分成水面、水田、旱地和城镇建设用地，不同下垫面分别使用不同的计算公式和参数，以求更好地对产流进行模拟（图 5-3）。

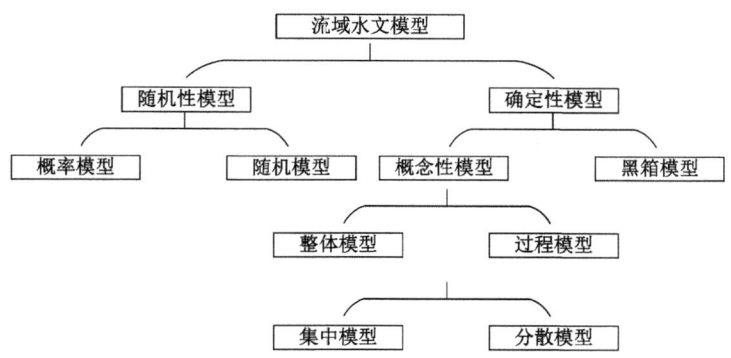

图 5-2　流域水文模型分类

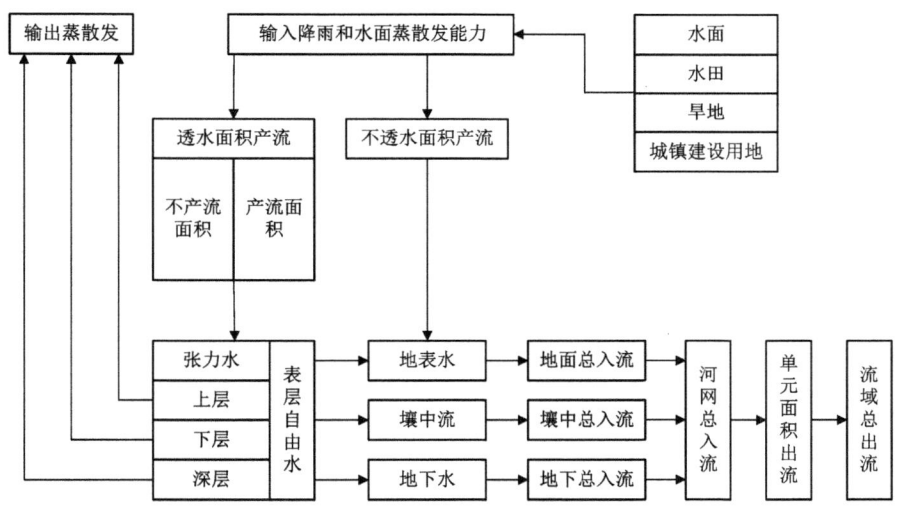

图 5-3　流域产流过程框图

1) 水面产流

水面产流过程简单因此相应的计算也较为简单,为降雨量与蒸发量之差,计算公式如下:

$$R_w = P - \beta \cdot E \tag{5-1}$$

式中：P——降水量；

β——蒸发折算系数；

E——蒸发皿蒸发量；

R_w——产流量。

2）水田产流

水田作物不同生长阶段对于水深的需要并不相同，因此水田产流不同时间段也需要建立各自的产流公式。一般而言，水田作物根据不同时段需水特性的差异可将生长期可分为秧田期、泡田期和生育期，其中泡田期由于其需水量较大因此按水面产流进行计算，秧田期由于历时较短需水较少可按旱地产流进行计算。

对于生育期计算较为复杂：当水田内水深低于水稻适宜水深下限时，产流为负值，当水深处于下限水深和耐淹水深之间时水田产流为 0，当水深超过耐淹水深时水田进行产流。计算公式如下：

$$R_f = \begin{cases} H - H_{mid}, & 若 H < H_{min} \\ 0, & 若 H_{min} \leqslant H \leqslant H_{max} \\ H - H_{max}, & 若 H > H_{max} \end{cases} \quad (5-2)$$

$$H = H_0 + P - \alpha \cdot \beta \cdot E - F \quad (5-3)$$

式中：H_0——水稻生育期时段初水深；

H——时段末水深；

H_{min}——适宜水深下限；

H_{mid}——适宜水深；

H_{max}——耐淹水深；

α——水稻各生长期需水系数；

E——蒸发皿蒸发数值；

F——水稻田日渗漏量。

3）旱地产流

研究区地处平原河网，雨量充沛且包气带较薄，因此其土壤含水量较大且数值不容易降低;下垫面由于植被覆盖率较高且土壤孔隙较大,因此下渗能力相对较强,综合上述可知研究区特别容易产生蓄满情况。因此可采用单层蓄满产流模型来计算旱地产流,本章利用饱和土壤含水量最大值以及田间持水量最大值作为产流的分界线。对公式进行改进,可以分割出更为准确的地上和地下产流,为有效计算旱地产流提供了新的思路。计算公式如下:

$$R_s = \begin{cases} P - E_2 - (W_b - W), & \text{若 } P + W \geqslant W_{bM} \\ P - E_2 - (W_b - W) + W_m \cdot \\ \left(1 - \dfrac{P - E_2 + A}{W_{MM}}\right)^{(1+B)}, & \text{若 } W_{mM} \leqslant P + W < W_{bM} \\ 0, & \text{若 } P - E_2 \leqslant 0 \text{ 或 } P + W < W_{mM} \end{cases}$$

(5-4)

$$R_u = \begin{cases} P - E_2 - (W_b - W), & \text{若 } P + W \geqslant W_{bM} \\ P - E_2 - R_s, & \text{若 } W_{mM} \leqslant P + W < W_{bM} \\ 0, & \text{若 } P - E_2 \leqslant 0 \\ P - E_2 - (W_m - W) + W_m \cdot \\ \left(1 - \dfrac{P - E_2 - R_s + A}{W_{MM}}\right)^{(1+B)}, & \text{若 } P + W < W_{mM} \end{cases}$$

(5-5)

其中,$W_b = W_m \cdot 1.2$ $W_{MM} = W_M \cdot (1+B)$
$W_{bM} = W_b \cdot (1+B)$ $W_{mM} = W_m \cdot (1+B)$
$A = W_{MM} \cdot \left[1 - \left(1 - \dfrac{W}{W_M}\right)^{\frac{1}{1+B}}\right]$ $E_2 = K \cdot E_1$

式中:R_s——地面产流;

R_u——地下产流;

W——初始土壤含水量;

W_b——饱和土壤含水量,其最大值为 W_{bM};

W_m—— 田间持水量,其最大值为 W_{mM};

W_M—— 流域平均需水量,其最大值为 W_{MM};

E_1—— 雨期蒸发量;

E_2—— 旱地蒸发量;

K—— 蒸发折算系数;

B—— 蓄水容量曲线指数。

4) 城镇建设用地产流

根据下垫面特性将城镇建设用地分为透水层和不透水层,其中不透水层按能否进行填洼又可进一步划分,不同类型的城镇建设用地产流分别进行产流计算。透水层一般是指城市中的绿化地带等透水性较好的下垫面,不透水层一般包括道路、屋顶等透水性较差的下垫面。模型综合考虑各类城镇建设用地的径流系数,为简化计算采用综合径流系统,公式如下:

$$R_c = \varphi P \tag{5-6}$$

式中,城镇建设用地产流量为 R_c;径流系数为 φ(本书 $\varphi=0.72$)。

5) 分区总产流

对于不同的产流模型进行汇总,按下垫面分别计算各自的产流量,即产流深与产流面积相乘,最后将不同产流模型计算产流量进行汇总,最终得出总产流量,计算公式如下:

$$R = [R_w \cdot S_w + R_f \cdot S_f + (R_s + R_u) \cdot S_{su} + R_c S_c] \cdot 10^3 \tag{5-7}$$

式中:R—— 各分区总产流量;

S_w、S_f、S_{su}、S_c——分别为四种不同下垫面对应的产流面积,其余参数同上。

5.1.2.2 汇流模型

汇流是径流形成过程的后一阶段。为保证模型计算精度,结合研究区内的土地利用实际情况，本书将汇流分为平原、山地区和湖面三种下垫面类型，分别进行汇流计算(图 5-4)。

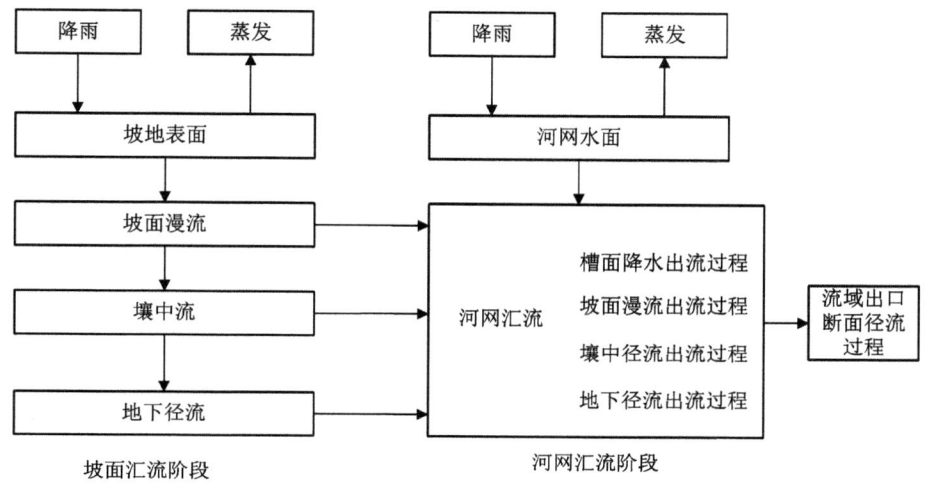

图 5-4　流域汇流过程框图

1) 平原汇流

研究区内平原面积约占 90%，因此对于平原汇流的计算精度对整体汇流模型影响较为显著。然而平原区汇流的计算目前尚无完整的计算理论和方法。本章根据研究区实际情况和能利用的资料，建立适合本研究区的平原汇流计算方法。选择汇流曲线法进行河道汇流模拟，通过对汇流模型多次试算后最终确定降雨在三天内进入河道较为符合研究区实际情况，每天的汇流比例通过模型模拟率定，第一天、第二天、第三天汇流比例分别为 70%、25%、5%。

2) 山地区汇流

山地区汇流根据其汇流特性，一般采用单位线法汇流，该方法考虑了汇流速度及其变化以及河网调蓄等的综合影响，使用方便且计算一般能取得较好的精度。本章采用地区综合的瞬时单位线，其参数 $k = m_1 \times m_2$，$n = 1/m_2$，而 $m_1 = 5.60(F/J)^{0.4}$，$m_2 = 0.35$。

3）湖面汇流

湖面汇流计算较为简单，可以直接进行计算，即产流与汇流同时进行，不产生汇流损耗。

需要注意的是，出口断面作为模型计算中的边界节点，本章汇流计算所得的出口断面的流量过程结果均为该对应的边界节点的入流过程。

5.1.3　河网水动力模型的构建

研究区地处平原河网地区，具有河网密布、水利工程较为集中等特点，复杂的自然和人为因素导致针对该地区的水动力模拟较为困难。目前模拟通常是利用数值方法进行计算，其核心是构建数学模型并利用合适且高效的算法进行求解。其中水动力模型是进行河网水流模拟的基础模型，模型的好坏直接影响水流模拟的合理性与有效性。

平原河网由于其河网错综复杂、水利工程较为集中，因此针对平原河网的水动力模型构建较为复杂。不同于单一河流，基于河网建立的水动力方程组的离散和求解需要进行大量的迭代，计算难度较大。本章在对各类河网水动力模型进行分析的基础上，构建研究区的河网水动力模型并且进行求解，为该地区水流计算提供科学参考。

5.1.3.1　河网水流运动模拟

为简化计算，天然河道形状可统一描述成规则梯形，水流模拟可利用一维模型，描述该运动的基本方程为圣维南方程组，其方程式表示如下：

$$\begin{cases} B\dfrac{\partial Z}{\partial x} + \dfrac{\partial A}{\partial t} = q_L \\ \dfrac{\partial Q}{\partial t} + \dfrac{\partial}{\partial x}\left(\dfrac{Q^2}{A}\right) + gA\dfrac{\partial Z}{\partial x} + g\dfrac{n^2|\mu|Q}{R^{1.33}} = q_L v_x \end{cases} \quad (5-8)$$

式中：x——距离；

t——时间；

B——河宽；

Z—— 水位；

Q—— 河道断面流量；

A—— 过水面积；

q_L—— 入流量；

n—— 河道糙率；

μ—— 流速；

R—— 水力半径；

g—— 重力加速度。

按照四点隐式差分格式转换圣维南方程组，经计算可以得出河段的差分公式为：

$$\frac{\partial \delta}{\partial t} = \frac{\partial_i^{j+1} + \partial_{i+1}^{j+1} - \partial_i^j - \partial_{i+1}^j}{2\Delta t}$$

$$\frac{\partial \delta}{\partial x} = \frac{\theta(\delta_{i+1}^{j+1} - \delta_i^{j+1}) + (1-\theta)(\delta_{i+1}^j - \delta_i^j)}{\Delta x} \quad (5-9)$$

$$\delta = \frac{1}{2}(\delta_i^j + \delta_{i+1}^j) = \delta_{i+\frac{1}{2}}^j$$

式中：δ—— 变量；

θ—— 权重系数($0 \leqslant \theta \leqslant 1$)。

将公式(5-8)代入(5-9)中，经整理后可得：

$$-Q_i + C_i Z_i + Q_{i+1} + C_i Z_{i+1} = D_i$$
$$E_i Q_i - F_i Z_i + G_i Q_{i+1} + F_i Z_{i+1} = \varphi_i \quad (5-10)$$

当权重系数 $\theta = 1$ 时，方程组中的系数为：

$$C_i = \frac{\Delta x_i}{2\Delta t} B_{i+\frac{1}{2}}^j$$

$$D_i = q_l \Delta x_i + C_i(Z_i^j + Z_{i+1}^j) - \frac{S}{2} \frac{\left(\Delta Z_{i+\frac{1}{2}}\right)^2}{\Delta t} \Delta x_i$$

$$E_i = \frac{\Delta x_i}{2\Delta t} - 2\mu_{i+\frac{1}{2}}^j + \frac{g}{2}\left(\frac{n^2 |\mu|}{R^{\frac{4}{3}}}\right)_i^j \Delta x_i$$

$$G_i = \frac{\Delta x_i}{2\Delta t} + 2\mu_{i+\frac{1}{2}}^j + \frac{g}{2}\left(\frac{n^2|\mu|}{R^{\frac{4}{3}}}\right)_{i+1}^j \Delta x_i$$

$$F_i = (gA - B\mu^2)_{i+\frac{1}{2}}^j$$

$$\varphi_i = \frac{\Delta x_i}{2\Delta t}(Q_i^j + Q_{i+1}^j) \tag{5-11}$$

以上公式中各系数根据时段初已知值、选定的时步长、距离步长计算可得,因此每一计算时段均利用线性方程组进行计算。设任一河道由 N 个断面划分成 $N-1$ 个河段,如图5-5所示。

图5-5 河道节点及断面示意图

每一河段连续方程及动量方程的差分方程为:

$$\begin{array}{l} -Q_i + Q_{i+1} + C_i Z_i + C_i Z_{i+1} = D_i \\ E_i Q_i + G_i Q_{i+1} - F_i Z_i + F_i Z_{i+1} = \varphi_i \end{array} \tag{5-12}$$

联立得方程组(5-13)有:

$$\begin{array}{l} -Q_1 + Q_2 + C_1 Z_1 + C_1 Z_2 = D_1 \\ E_1 Q_1 + G_1 Q_2 - F_1 Z_1 + F_1 Z_2 = \varphi_1 \\ -Q_2 + Q_3 + C_2 Z_2 + C_2 Z_3 = D_2 \\ E_2 Q_2 + G_2 Q_3 - F_2 Z_2 + F_2 Z_3 = \varphi_2 \\ \vdots \\ -Q_{n-1} + Q_n + C_{n-1} Z_{n-1} + C_{n-1} Z_n = D_{n-1} \\ E_{n-1} Q_{n-1} + G_{n-1} Q_n - F_{n-1} Z_{n-1} + F_{n-1} Z_n = \varphi_{n-1} \end{array} \tag{5-13}$$

采用三系数追赶法将公式进行简化计算,最后得只与首末节点水位和流量相关的方程组：

$$Q_1 = \alpha + \beta Z_1 + \gamma Z_n$$
$$Q_n = \lambda + \rho Z_n + \eta Z_1 \tag{5-14}$$

将 Q_n 代入联立方程组中,消去 Q_n、Z_1 后有：

$$Q_{n-1} = \alpha_{n-1} + \beta_{n-1} Z_{n-1} + \gamma_{n-1} Z_n \tag{5-15}$$

式中：

$$\alpha_{n-1} = \frac{\varphi_{n-1} - G_{n-1} D_{n-1}}{G_{n-1} + E_{n-1}}$$

$$\beta_{n-1} = \frac{G_{n-1} D_{n-1} + F_{n-1}}{G_{n-1} + E_{n-1}}$$

$$\gamma_{n-1} = \frac{G_{n-1} D_{n-1} - F_{n-1}}{G_{n-1} + E_{n-1}}$$

将公式(5-15)代入方程组(5-14)中,消去 Q_{n-1}、Z_{n-1} 后得：

$$Q_{n-2} = \alpha_{n-2} + \beta_{n-2} Z_{n-2} + \gamma_{n-2} Z_n \tag{5-16}$$

式中：

$$\alpha_{n-2} = \frac{Y_1 (\varphi_{n-2} - \alpha_{n-1} G_{n-2}) - Y_2 (D_{n-2} - \alpha_{n-1})}{Y_2 + Y_1 E_{n-2}}$$

$$\beta_{n-2} = \frac{Y_2 C_{n-2} + Y_1 F_{n-2}}{Y_2 + Y_1 E_{n-2}}$$

$$\gamma_{n-2} = \frac{\gamma_{n-1} (Y_2 - Y_1 G_{n-2})}{Y_2 + Y_1 E_{n-2}}$$

$$Y_1 = C_{n-2} + \beta_{n-1}$$

$$Y_2 = G_{n-2} \beta_{n-1} + F_{n-2}$$

按上述公式倒推本断面流量,建立本断面以及末节点水位的线性函数公式,经反复计算直至首断面可将方程(5-16)进一步转化,递推公式如下所示：

$$Q_i = \alpha_i + \beta_i Z_i + \gamma_i Z_n \ (i = n-1, n-2, \cdots, 1) \quad (5\text{-}17)$$

式中：

$$\alpha_i = \frac{Y_1(\varphi_i - \alpha_{i+1} G_i) - Y_2(D_i - \alpha_{i+1})}{Y_2 + Y_1 E_i}$$

$$\beta_i = \frac{Y_2 C_i + Y_1 F_i}{Y_2 + Y_1 E_i}$$

$$\gamma_i = \frac{\gamma_{i+1}(Y_2 - Y_1 G_i)}{Y_2 + Y_1 E_i}$$

$$Y_1 = C_i + \beta_{i+1}$$

$$Y_2 = G_i \beta_{i+1} + F_i$$

同理将各断面流量按顺序依次表达成水位和首节点水位的线性函数，递推公式如下所示：

$$Q_i = \lambda_i + \eta_i Z_i + \rho_i Z_n \ (i = 2, 3, \cdots, n-1, n) \quad (5\text{-}18)$$

式中：

$$\lambda_i = \frac{Y_2(D_{i-1} + \lambda_{i-1}) - Y_1(\varphi_{i-1} - E_{i-1}\lambda_{i-1})}{Y_2 - Y_1 G_{i-1}}$$

$$\eta_i = \frac{F_{i-1} Y_1 - C_{i-1} Y_2}{Y_2 - Y_1 G_{i-1}}$$

$$\rho_i = \frac{\rho_{i-1}(Y_2 + E_{i-1} Y_1)}{Y_2 - Y_1 G_{i-1}}$$

$$Y_1 = C_{i-1} - \eta_{i-1}$$

$$Y_2 = E_{i-1} \eta_{i-1} - F_{i-1}$$

按次序从初始河段递推至末河段可推导出公式(5-18)。假定初始断面水位值 Z_1 等于节点水位 N_1，末段面水位 Z_n 等于节点水位 N_2，此时公式可变换为：

$$Q_1 = \alpha + \beta Z_{N1} + \gamma Z_{N2}$$
$$Q_n = \lambda + \eta Z_{N2} + \rho Z_{N1}$$
(5-19)

在计算递推式时需要利用前文计算的6个系数 α、β、γ、λ、η、ρ。当已知首、末节点的水位后,综合上述公式对同断面的流量有:

$$Q_i = \alpha_i + \beta_i Z_i + \gamma_i Z_{N2}$$
$$Z_i = \lambda_i + \eta_i Z_i + \rho_i Z_{N1}$$
(5-20)

联解上述方程组即可求得 Q_i、Z_i 的值。

5.1.3.2 水工建筑物模拟(以闸门、泵站为主)

水工建筑物通常是指通过控制水流流速和流向实现防洪、发电以及供水等目标的各类水利工程,一般通过控制水库、河道中的水位以及过流量来实现其运行目的。水流通过建筑物时,其过流状态与过流能力一般会发生改变,此时有必要进行相应的模拟计算。本章主要考虑宽顶堰的模拟计算,堰上水流运行方式可分为淹没和自由出流(图5-6)。

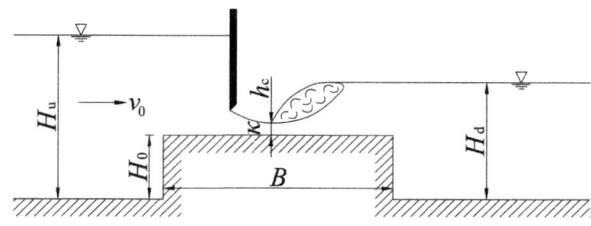

(a) 自由出流示意图

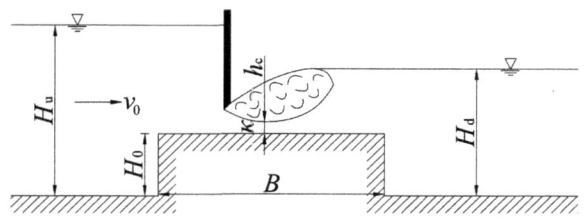

(b) 淹没出流示意图

图5-6 堰上水流运行方式示意图

自由出流和淹没出流公式如下：

自由出流：

$$Q = \mu \varepsilon B \kappa \sqrt{2g}(H_u - H_0)^{\frac{3}{2}} \qquad (5-21)$$

淹没出流：

$$Q = \varphi \varepsilon B \kappa (H_d - H_0)\sqrt{2g(H_u - H_d)} \qquad (5-22)$$

式中：Q——经过建筑物的流量；

H_u、H_d——分别表示建筑物上、下水位；

H_0——建筑物顶端高程；

B——建筑物宽度；

ε、μ、φ、κ——分别表示建筑物侧收缩、自由出流、淹没出流以及开闸系数。

5.1.3.3 节点方程的建立与求解

经前文的河道和堰闸水流运动的模拟计算公式，可得到河道断面水位、流量的线性函数关系，根据水量平衡原理可建立相应的节点水位方程如公式(5-23)所示，对该公式的求解需采用逐次超松弛迭代法进行求解计算：

$$\sum Q_i = A \frac{\Delta Z}{\Delta t} \qquad (5-23)$$

式中：$\sum Q_i$——节点的总入流量的代数和；

$\frac{\Delta Z}{\Delta t}$——节点的水位变化率；

A——汇合区水面总面积，当节点水面总面积较小时可以忽略（简称"无调蓄节点"），当值较大时具有调蓄能力，此时作为水库节点（简称"调蓄节点"）。

5.1.4 模型的合理性检验

5.1.4.1 湖泊水位模拟与实测值对比

本章选择资料比较完善的年份，保证来水以及闸站运行与实际情况一致,利用前文模型模拟河网水流运动,并将洪泽湖、骆马湖的模拟水位变化过程与实测水位变化过程进行对比以验证模型的精度。本章选择资料较为完善的 2007 年和 2009 年,相应的水位变化过程拟合情况如图 5-7 至图 5-10 所示。大多数站点模拟的全年水位过程与实测的水位过程拟合较好,全年水位过程变化趋势一致性较高。

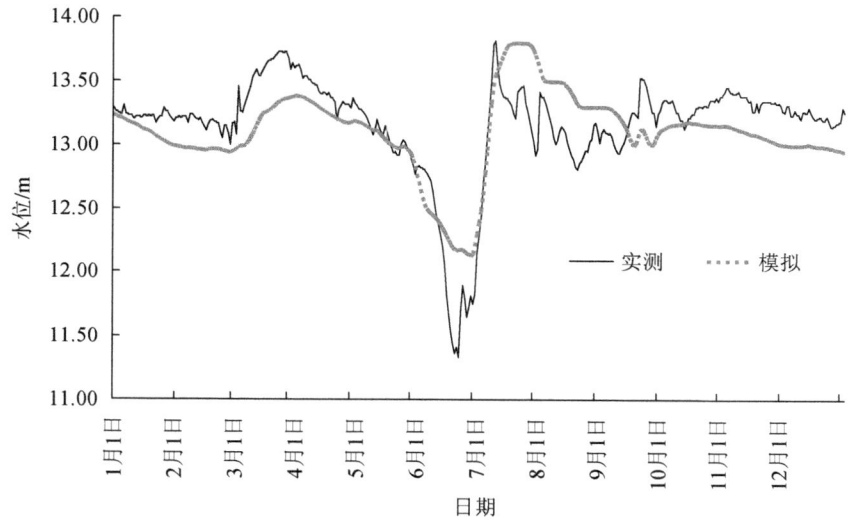

图 5-7　2007 年洪泽湖逐日水位模拟与实测对比图

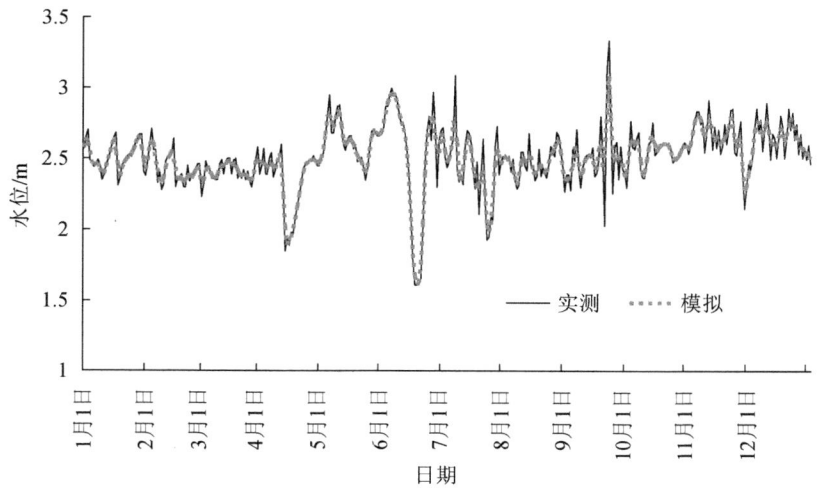

图 5-8　2007 年骆马湖逐日水位模拟与实测对比图

图 5-9　2009 年洪泽湖逐日水位模拟与实测对比图

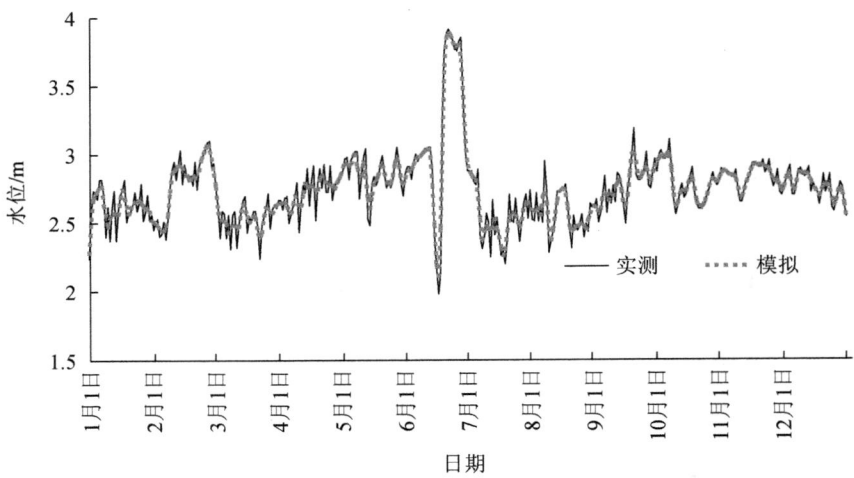

图 5-10　2009 年骆马湖逐日水位模拟与实测对比图

根据数据结果整理可知,2007年、2009年全年日水位的极端值(最高值和最低值)无论从出现时间还是数值角度其吻合度均很高,大多数节点的绝对误差在0.5 m左右,70%左右的对比值相对误差在10%以下。

5.1.4.2 泵站翻水量模拟与实测值对比

本章通过前文建立的水文水动力模型结合现有的闸站运行原则(已获取实际运行资料)模拟了实际调度运行。泵站翻水量模拟值与实测值差值参照表5-2。结果表明本章构建的模拟模型计算结果与实测值差值很小,即模型能够有效模拟研究区的水流过程。除沙集站外,泵站相对误差绝对值在20%以内,大部分泵站的相对误差在10%,因此模拟模型具有相当高的精度,能够反映泵站调度的实际情况(图5-11)。

表5-2 典型泵站翻水量模拟与实测差值统计表　　单位:亿 m³

泵站	2007年份				2009年份			
	模拟	实测	差值	相对误差/%	模拟	实测	差值	相对误差/%
江都站	29.7	29.4	0.3	1.0	39.3	40.5	-1.2	-3.0
淮安站	13.7	13.3	0.4	3.0	11.7	12.5	-0.8	-6.4
淮阴站	2.5	2.3	0.2	8.7	3.1	3.5	-0.4	-11.4
泗阳站	4.6	4.7	-0.1	-2.7	6.4	6.6	-0.2	-3.0
刘老涧站	3.8	3.6	0.2	5.6	3.5	4.0	-0.5	-12.5
皂河站	3.0	2.9	0.1	3.4	2.5	3.0	-0.5	-16.7
刘山站	1.6	1.6	0.0	0	3.2	3.9	-0.7	-17.9
解台站	0.5	0.6	-0.1	-16.7	2.5	2.1	0.4	19.0
沙集站	1.4	1.0	0.4	40.0	2.2	2.2	0.0	0

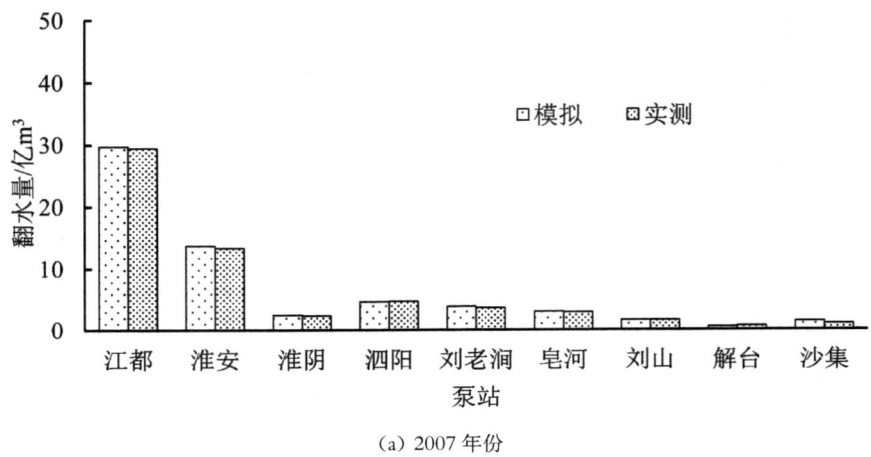

(a) 2007 年份

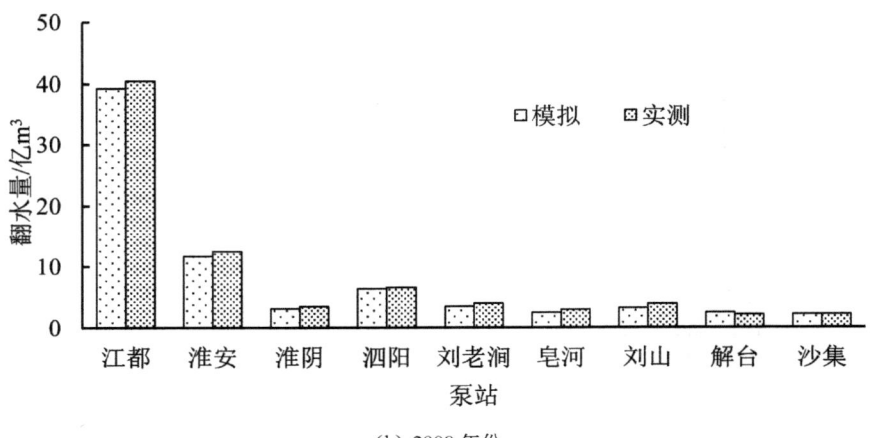

(b) 2009 年份

图 5-11 典型泵站翻水量模拟与实测对比柱状图

5.1.4.3 水量平衡验证

为进一步保障本章提出的水资源模拟模型的合理性,本章分别针对不同典型年进行研究区内水资源模拟调度,其不同典型年研究区水量平衡情况见表 5-3 至表 5-5 所示:对于特枯水年,研究区总入流为 218.6 亿 m^3,总出流为 261.3 亿 m^3,蓄水量减少量为 42.3 亿 m^3,水量平衡误差为 0.4 亿 m^3,误差较小可忽略不计,符合水量平衡规律;对于枯水年,研究区总入流为 403.0 亿 m^3,总出流为 389.7 亿 m^3,蓄水量增加量为12.8亿 m^3,水量平衡误差为0.7亿 m^3,误差较小可忽略不计,符合水量平衡规律;对于特别干旱年,研究区总入流为581.2亿 m^3,总出流为529.8亿 m^3,蓄水量增加量为51.1亿 m^3,水量平衡误差为0.4亿 m^3,误差较小可忽略不计,符合水量平衡规律。综上可知研究区水资源分布符合水量平衡规律,即模型合理有效。

表5-3 特枯水年南水北调东线江苏省受水区区域平衡结果　　单位:亿 m^3

入流统计项		出流统计项		蓄水变化量	
边界入流	103.0	边界出流	56.8	面上	-19.7
产流	34.4	用水户供水	133.8	湖泊	-4.2
江都翻水	81.2	沿线输水损失	7.3	河道	-18.4
		旁侧出流	45.8		
		入江水量	17.6		
合计	218.6	合计	261.3	合计	-42.3

表5-4 枯水年南水北调东线江苏省受水区区域平衡结果　　单位:亿 m^3

入流统计项		出流统计项		蓄水变化量	
边界入流	279.6	边界出流	86.3	面上	17.1
产流	79.6	用水户供水	112.1	湖泊	-5.6
江都翻水	43.9	沿线输水损失	7.3	河道	1.3
		旁侧出流	45.8		
		入江水量	138.1		
合计	403.1	合计	389.6	合计	12.8

表5-5 平水年南水北调东线江苏省受水区区域平衡结果　　单位:亿 m^3

入流统计项		出流统计项		蓄水变化量	
边界入流	416.7	边界出流	130.5	面上	42.9
产流	126.9	用水户供水	109.9	湖泊	4.8
江都翻水	37.6	沿线输水损失	7.3	河道	3.4

(续表)

入流统计项		出流统计项		蓄水变化量	
		旁侧出流	45.8		
		入江水量	236.2		
合计	581.2	合计	529.7	合计	51.1

5.2 基于宏观与精准化耦合模型的多层次分析调控方法

基于传统水资源优化调度数学模型的研究存在以下难点问题：

(1) 基于数学模型建立的水资源优化模型，仅针对水资源时空调配进行宏观层次上的科学指导，无法进一步确定取水口耗水、闸站控制等方面的精准化水资源配置。

(2) 目前利用大部分水文计算软件(如MIKE、SWAT等)进行平原河网水资源模拟，对于计算过程中涉及的闸站调度，仅依靠经验调度原则来处理，处理方式过于简单，无法从优化水资源角度实现水资源的精准化调度。

(3) 由于水资源优化模型以及模拟模型时空尺度上的差异性，导致目前水资源调配模型很难兼顾优化和模拟两个特征，在研究平原河网水资源优化调度过程中，有必要将两者有机结合起来，以得到更为精准的优化调度结果，对于生产实际和科研具有较为重要的意义。

本模型主要用于解决水资源优化调度领域的实际问题，涉及一种水资源优化与模拟技术相结合的多水源联合调度规则的制定方法。本章将水资源优化以两阶段实现。

本章基于水资源优化调度模型的研究，结合雨情、水情、工情等多元要素，以优化调度结果为基础，以用户缺水量为导向，制定以水资源高效利用为目标的反馈式调度方法。该方法主要分为两块，分别为以满足各梯级供水要求为目标的宏观调控和控制部分闸站以增加局部河道供水的微观修正两部分，具体方法描述如图5-12、图5-13所示。

第 5 章 基于多水源模拟优化耦合的水资源精准化配置

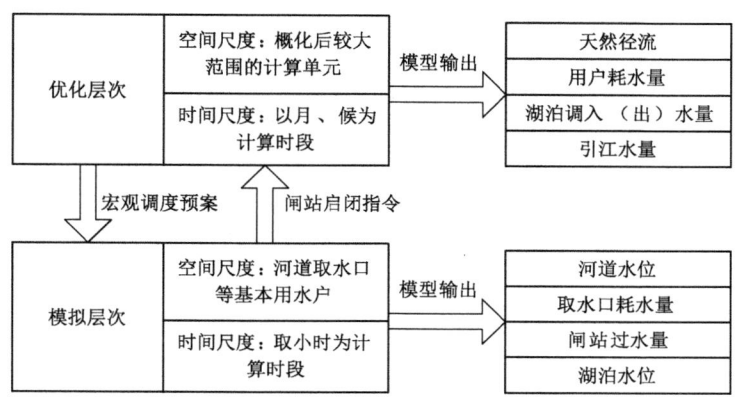

图 5-12 模拟优化计算模型概念图

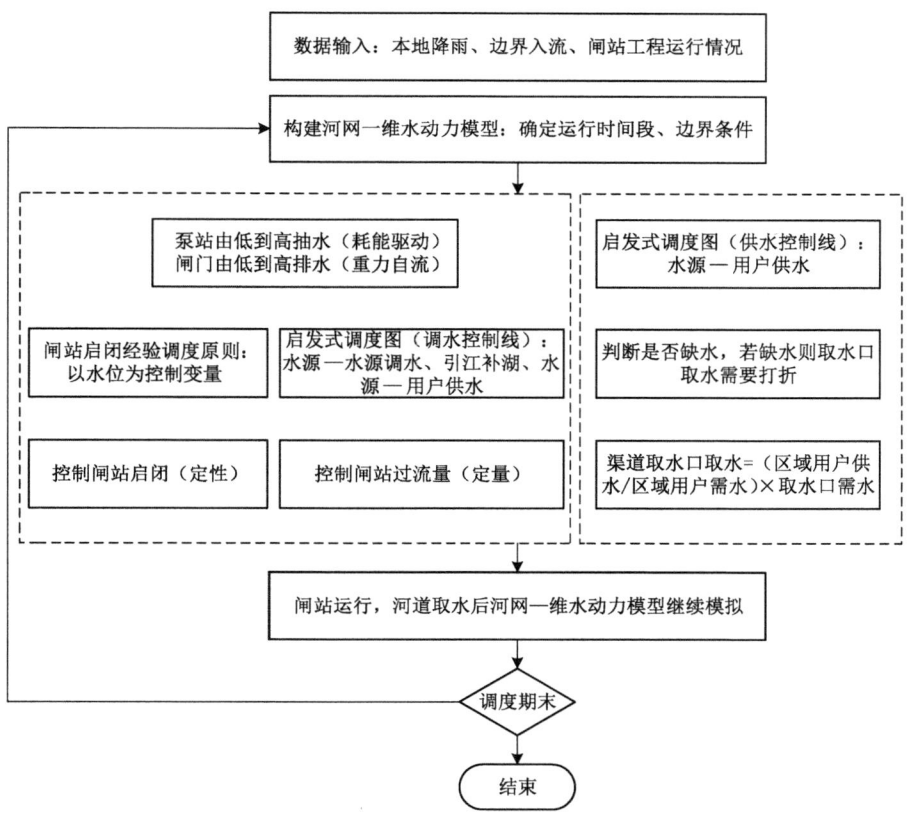

图 5-13 闸站调度流程图

5.2.1 优化层次

优化层次的核心任务是建立水资源宏观调度模型——水资源优化调度,将研究区概化成能够反映水资源供求以及水源互调关系的拓扑结构图,根据该拓扑图建立水资源优化调度模型,利用优化算法对该模型进行求解,计算得到研究区逐时段的供水以及调水目标,确定各片区供水限制因子 $\alpha_{j,T}$、水库引江水量 $Y_{i,T}$,以及两湖互调水量 $P_{i,T}$,作为模型的决策变量;其中宏观调度模型主要用于制定阶段性的调水目标和供水目标,不涉及产汇流计算以及河网水动力模拟,因此对于时段 T 的选择,以旬为调度时段,对于用水高峰期,为了使水资源调度结果更为合理,将调度时段设置为候(5 天)。

计算步骤如下:

(1) 确定初始时段以及计算时段,$T \leftarrow 0$,计算时段 ΔT 取旬、候。

(2) 确定时段初状态变量,确定时段初各水库蓄水量 $W_{i,T}$,来水量 $Q_{i,T}$。

(3) 利用启发式调度图(第 4 章构建)确定本时段供水以及调水目标,确定各片区供水限制因子 $\alpha_{j,T}$、水库引江水量 $Y_{i,T}$,以及两湖互调水量 $P_{i,T}$(决策变量)。

(4) 利用水量平衡约束,计算时段末各水库蓄水量 $W_{i,T+\Delta T}$,结束本时段计算。

(5) $T \leftarrow T + \Delta T$,转入下一时段重复计算步骤。

5.2.2 模拟层次

模拟层次的核心任务是建立水工程集群(闸站过水量)精准化调控模型——水资源配置。计算步骤如下:

(1) 研究区按 9 级梯级泵站逐级调水,根据不同梯级泵站供水范围将研究区分为 9 个部分,以小时(或更短时段)为计算时段,时段长记为 Δt,进行精准化水资源调度,闸站功能主要有供水、调水。

(2) 确定梯级内各用户需水量 $D_{k,T+\Delta t} = \alpha_{j,T} \cdot D_{k,T+\Delta t}^{\max}$。

(3) 基于针对水资源优化调度,一般默认在满足防洪要求的同时尽可能提高供水效益,因此在考虑水资源精准化配置之前,我们需要制定一系列调度规则保证研究区的防洪安全。

(4) 结合研究区梯级调度特点,逐级满足干线及支流的调水和供水任务。根据"闲时补湖,忙时供水"的调水策略,本模型在优先满足供水要求的前提下保证调水目标,即当前时段累计调水量小于优化层次的水库引江水量以及两湖互调水量。具体调度步骤如下所示:

第一轮计算:利用泵站(闸门)前水位确定是否开启输水,当满足供水及调水目标时,停止判断。

第二轮计算:计算阶段缺水量,为本梯级预调水量 $P_{i+1,t}$ 提供依据:①本梯级的阶段缺水量计算公式为 $E_{i,t} = D_{i,t} + P_{i+1,t} - Q_{i,t}$。当 $E_{i,t} \leq 0$ 时,此时不需要考虑本梯级的供水,仅需要考虑补湖的调水,即上一梯级的泵站抽水量 $P_{i,t} = V_{i,t}$;当 $E_{i,t} > 0$ 时,此时还需要考虑本梯级的供水,即上一梯级的泵站抽水量 $P_{i,t} = V_{i,t} + E_{i,t}$。②确认本梯级所需上一梯级提供的调水量之后,需要确定调水量是否满足泵站抽水能力要求。当 $P_{i,t} \leq P_{i,m}$ 时,此时按原调度计划进行抽水;当 $P_{i,t} > P_{i,m}$ 时,此时按泵站开到最大抽水能力,即 $P_{i,t} = P_{i,m}$。③梯级 i 从9循环至1,结束计算;然后转入下一阶段 $t+1$ 重新进行梯级的循环计算。

(5) $t \leftarrow t + \Delta t$,转入下一时段重复计算步骤。

5.2.3 模拟层次微观修正

微观修正是对于宏观调控后部分河道缺水,进行进一步的梯级泵站调度。当干线河道发生缺水时,此时与其有水利联系的泵站增加抽水以减少该河道的缺水损失。为了更加清楚地阐述该理论,本章截取部分南水北调泵站—河道连接图以说明情况,如图5-14所示,以R7(属于高水河为例),当该河道直接供水的用户发生缺水时,此时增加江都站的抽水量来缓解部分干线河道的供水压力。

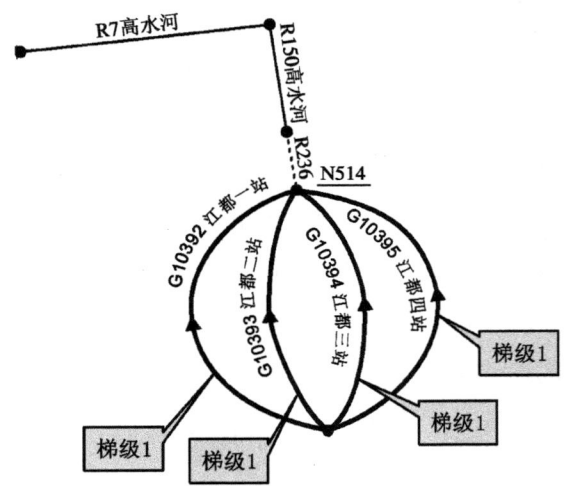

图 5-14 泵站—河道用户供水示意图

(1) 第二轮计算结束后统计各干线河道的缺水情况,并标示缺水量大于 0 的,标记为河道 j,相应缺水量记为 $E'_{i,t}$。

(2) 查找直接向该河道供水的梯级泵站,相应的泵站抽水量增加为 $P^{(1)}_{i,t}=P^{(0)}_{i,t}+E'_{i,t}$,其中 $P^{(0)}_{i,t}$ 为第二轮计算的泵站抽水量,$P^{(1)}_{i,t}$ 为本轮计算的泵站抽水量。

(3) 确认本梯级所需上一梯级提供的调水量之后,需要确定调水量是否满足泵站抽水能力要求:当 $P_{i,t} \leqslant P_{i,m}$ 时,此时按原调度计划进行抽水;当 $P_{i,t} > P_{i,m}$ 时,此时按泵站开到最大抽水能力,即 $P_{i,t}=P_{i,m}$。

(4) 干线河道逐个进行判断,利用干线上泵站增加供水能力,然后转入下一阶段 $t+1$ 重新进行循环计算。

5.3 基于经验调度和优化调度下的模型结果对比与分析

5.3.1 总体分析

本章提出的优化调度模型在需水、来水以及工程运行条件均不发生变化的前提下,相比经验性调度模型(原调度模型),大大增加了调水系统的供水能力。优化调度模型与经验性调度模型相比,优点主要体现在两方面:

(1) 不同典型年下经验调度模型与优化调度模型所计算的用水户缺水量如图5-15所示,利用优化模型计算的研究区内用户缺水量明显小于经验模型计算结果,即利用优化模型能够显著的减少系统的缺水量,极大地改善了水资源系统的供需平衡状况(表5-6)。

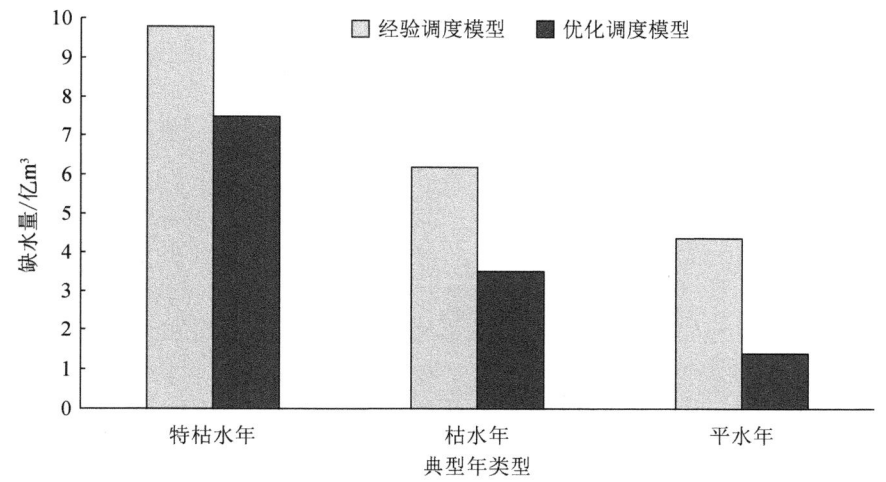

图 5-15　不同典型年下经验调度模型与优化调度模型用水户缺水量柱状图

表 5-6　不同典型年下经验调度模型与优化调度模型供需平衡情况　　单位:亿 m^3

模型		特枯水年	枯水年	平水年
	需水	187.12	161.49	157.17
经验调度模型	供水	177.33	155.30	152.80
	缺水	9.79	6.19	4.37
优化调度模型	供水	179.64	157.98	155.78
	缺水	7.48	3.51	1.39

(2) 不同典型年下经验调度模型与优化调度模型所计算的引江水量如图 5-16 所示，利用优化模型计算的研究区所需引江水量与经验模型计算结果相比较小，且缺水量明显小于经验模型计算结果，即优化模型能够有效地利用引江水来弥补本地供水的不足且利用效率更高，在保证供水效益的前提下尽可能地降低了成本较高的引江水供给，极大程度地增加了水资源的利用效率。

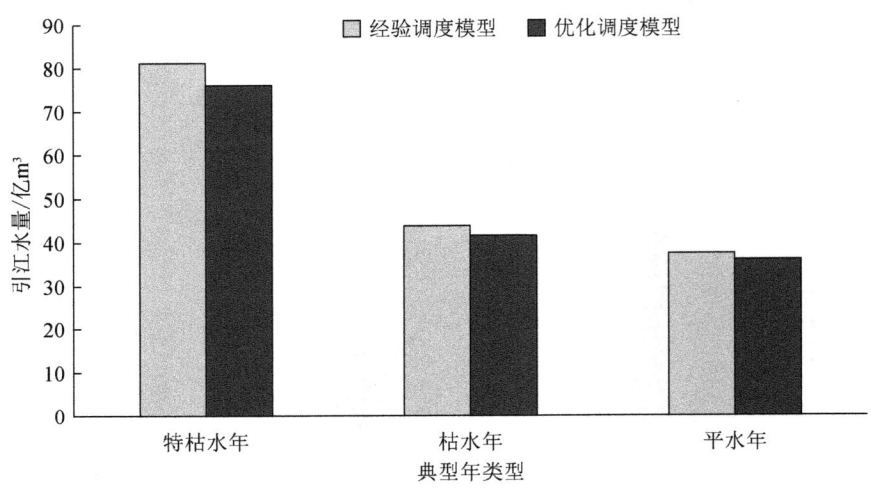

图 5-16　不同典型年下经验调度模型与优化调度模型引江水量柱状图

(3) 不同典型年下优化模型计算补湖量结果如表 5-7 所示，对于特别干旱年、枯水年、平水年，通过泵站调入洪泽湖的水量逐渐减少，而调入骆马湖水量逐渐增加，即来水年型越丰，洪泽湖作为调蓄库容对于可利用水资源的调节越弱，而骆马湖则越强。不同典型年下优化模型逐月补湖量情况如图 5-17 至图 5-19 所示，对于特别干旱年，全年基本都有水资源补给洪泽湖，洪泽湖调蓄作用明显，而枯水年和平水年，基本只有用水低谷期才有水资源补给洪泽湖，主要目的在于抬高洪泽湖水位以满足用水高峰期的供水要求；对于骆马湖，不同典型年，全年基本都有水资源补给，其作为省内贯通南北的储水枢纽，调蓄作用明显，对于保障徐州等地供水有着显著的作用。

表 5-7　不同典型年下优化模型补湖量统计　　　　单位：亿 m³

月份	特枯水年		枯水年		平水年	
	补洪泽湖	补骆马湖	补洪泽湖	补骆马湖	补洪泽湖	补骆马湖
1	2.45	1.29	0.00	1.19	0.00	1.23
2	2.01	0.96	0.11	1.01	0.09	1.04
3	0.22	1.10	0.18	1.12	0.19	1.16
4	0.16	1.03	1.51	1.08	0.19	1.11
5	0.13	1.09	2.43	1.17	0.15	1.17
6	1.24	1.39	0.00	1.27	0.00	1.68
7	2.77	1.16	0.00	1.65	0.00	1.67
8	2.67	0.98	0.00	2.06	0.00	1.52
9	1.53	1.97	0.55	2.32	0.16	2.60
10	1.62	0.69	1.44	0.92	0.00	1.05
11	3.69	0.83	0.00	0.90	0.00	0.95
12	4.01	1.33	0.00	0.95	0.00	0.98
总量	22.50	13.82	6.22	15.64	0.78	16.16

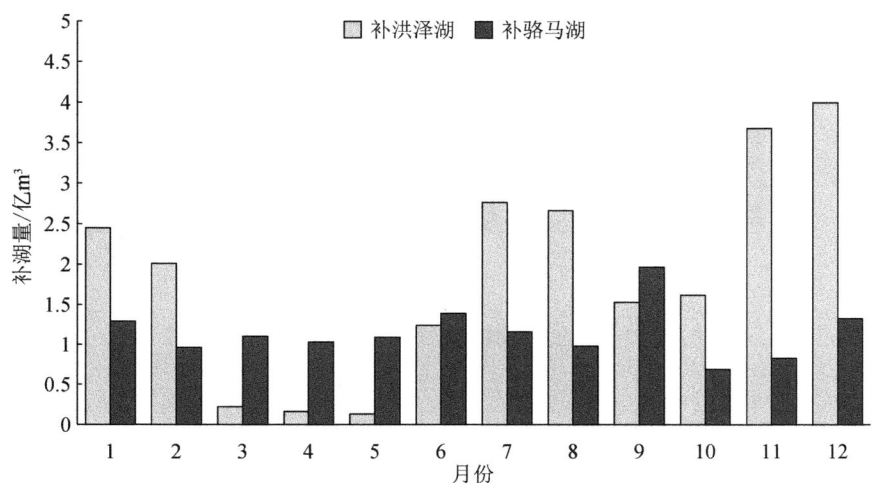

图 5-17　特枯水年下优化调度模型逐月补湖量柱状图

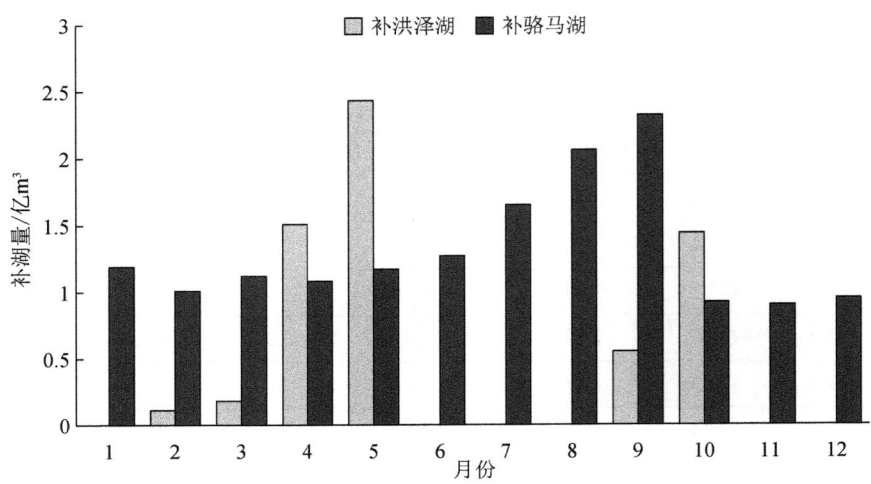

图 5-18　枯水年下优化调度模型逐月补湖量柱状图

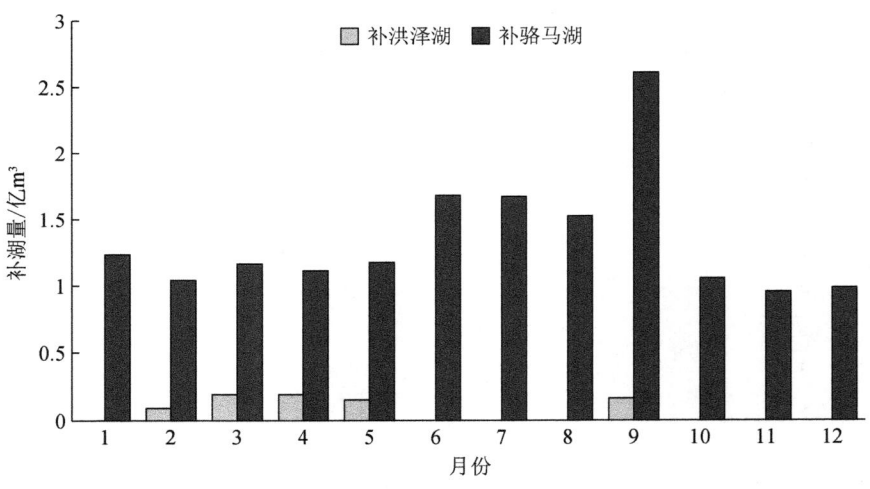

图 5-19　平水年下优化调度模型逐月补湖量柱状图

5.3.2　不同用户类型分析

5.3.2.1　地级市

不同典型年下经验调度模型与优化调度模型梯级缺水量如表 5-8、

图 5-20 至图 5-22 所示,经分析可知,缺水主要集中在徐州和连云港两市,在需水、来水以及工程运行条件均不发生变化的前提下,本章提出的优化调度模型相比经验性调度模型(原调度模型),明显减小了徐州的缺水,充分体现了本章所提出模型的合理性和科学性,而连云港由于其供水主要由闸门控制,且受南(江)水北调主干河道调水影响较小,因此本模型对于连云港影响较小。

表 5-8　不同典型年下经验调度模型与优化调度模型地级市缺水量　单位:亿 m³

地级市	特枯水年		枯水年		平水年	
	经验调度模型	优化调度模型	经验调度模型	优化调度模型	经验调度模型	优化调度模型
扬州	0.00	0.00	0.00	0.00	0.00	0.00
盐城	0.00	0.00	0.00	0.00	0.00	0.00
淮安	0.22	0.26	0.02	0.02	0.00	0.00
宿迁	0.19	0.26	0.02	0.00	0.06	0.07
徐州	6.79	4.25	5.14	2.48	3.29	0.34
连云港	2.59	2.70	1.02	1.02	1.01	0.98

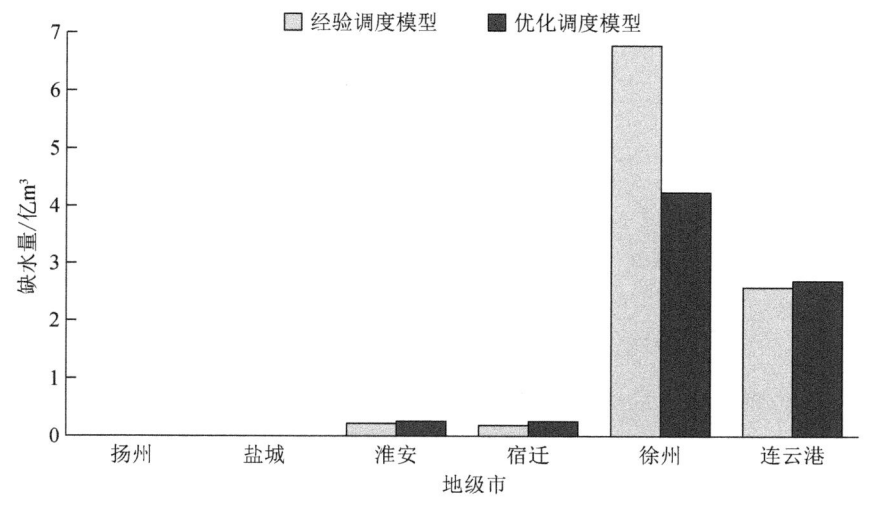

图 5-20　特枯水年下经验调度模型与优化调度模型地级市缺水量柱状图

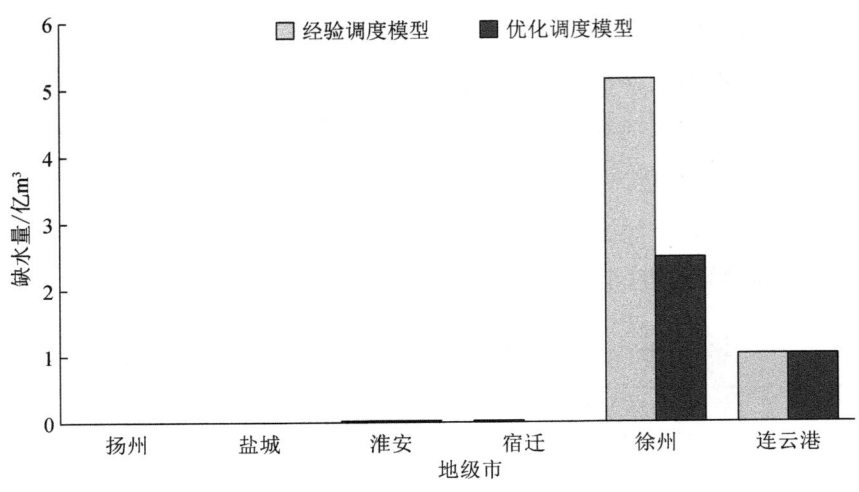

图 5-21　枯水年下经验调度模型与优化调度模型地级市缺水量柱状图

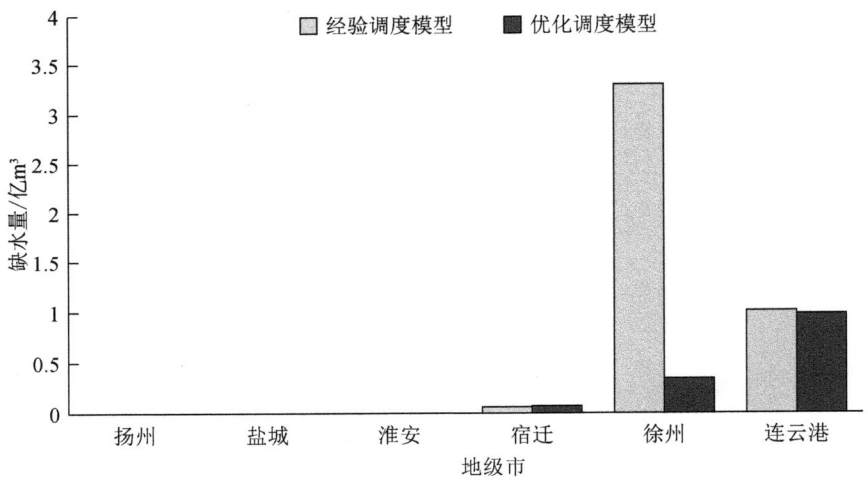

图 5-22　平水年下经验调度模型与优化调度模型地级市缺水量柱状图

5.3.2.2　水资源分区

不同典型年下经验调度模型与优化调度模型梯级缺水量如表 5-9、图 5-23 至图 5-25 所示,经分析可知,缺水主要集中在丰沛、骆马湖上游和沂北,在需水、来水以及工程运行条件均不发生变化的前提下,本章提出的优化调度模型相比经验性调度模型(原调度模型),明显减小了丰沛的缺水,充分体现了本章所提出模型的合理性和科学性,而骆马湖上游和沂北由于其供水主要由闸门控制,且受南(江)水北调主干河道调水影响较小,因此本模型对于连云港影响较小。

表 5-9 不同典型年下经验调度模型与优化调度模型水资源分区缺水量 单位:亿 m³

水资源分区	特枯水年		枯水年		平水年	
	经验调度模型	优化调度模型	经验调度模型	优化调度模型	经验调度模型	优化调度模型
安河	0.51	0.47	0.14	0.09	0.14	0.14
盱眙	0.03	0.04	0.00	0.00	0.00	0.00
高宝湖	0.11	0.12	0.00	0.00	0.00	0.00
渠北	0.01	0.00	0.00	0.00	0.00	0.00
里下河腹部	0.00	0.00	0.00	0.00	0.00	0.00
丰沛	4.67	2.25	4.40	1.84	2.92	0.19
骆马湖上游	1.67	1.75	0.62	0.56	0.29	0.07
赣榆	0.17	0.17	0.09	0.09	0.10	0.10
沂北	2.42	2.48	0.81	0.81	0.91	0.88
沂南	0.19	0.19	0.14	0.14	0.00	0.00

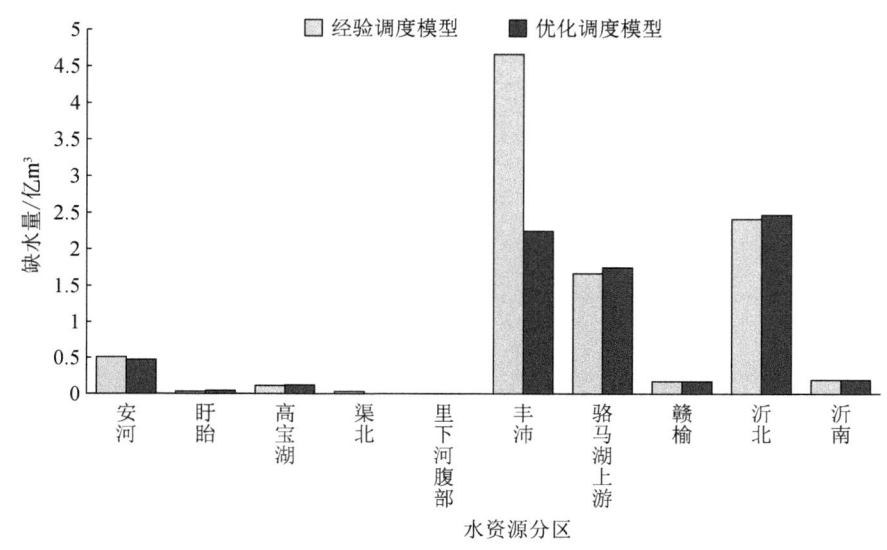

图 5-23 特枯水年下经验调度模型与优化调度模型水资源分区缺水量柱状图

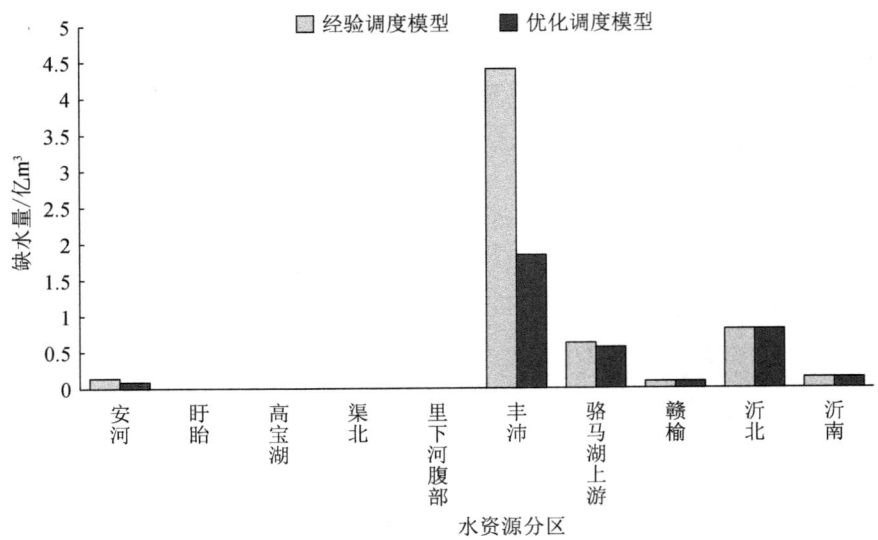

图 5-24　枯水年下经验调度模型与优化调度模型水资源分区缺水量柱状图

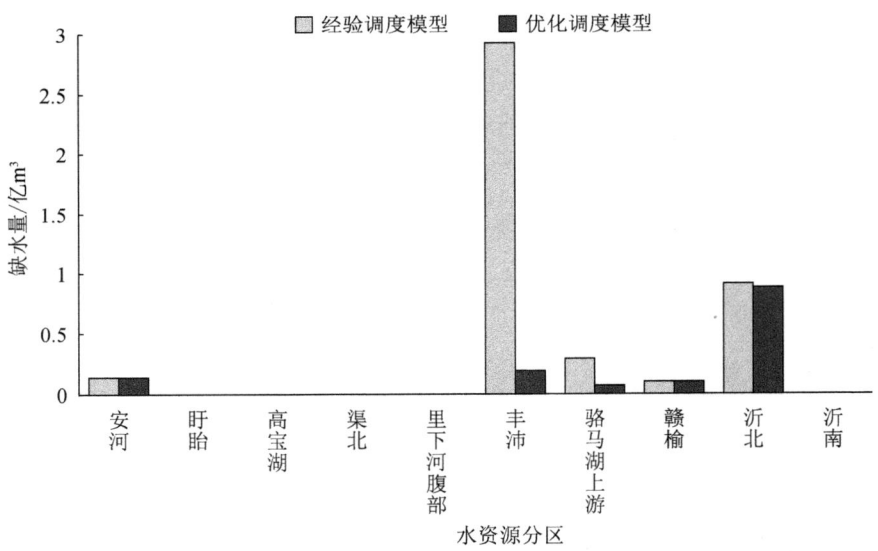

图 5-25　平水年下经验调度模型与优化调度模型水资源分区缺水量柱状图

5.3.2.3　梯级

不同典型年下经验调度模型与优化调度模型梯级缺水量如表 5-10、图 5-26 至图 5-28 所示,经分析可知,缺水主要集中在第 3 梯级和第 9 梯级,在需水、来水以及工程运行条件均不发生变化的前提下,本章提出的优化调度模型相比经验性调度模型(原调度模型),明显减小了第3梯级的缺水,充分体现了本章所提出模型的合理性和科学性,而第7梯级由于其供水主要由闸门控制,且受南(江)水北调主干河道调水影响较小,因此本模型对于连云港影响较小。

表5-10 不同典型年下经验调度模型与优化调度模型梯级缺水量　　单位:亿 m³

梯级	特枯水年		枯水年		平水年	
	经验调度模型	优化调度模型	经验调度模型	优化调度模型	经验调度模型	优化调度模型
第1梯级	0.00	0.00	0.00	0.00	0.00	0.00
第2梯级	0.01	0.00	0.00	0.00	0.00	0.00
第3梯级	2.91	3.12	1.04	1.04	1.01	0.99
第4梯级	0.12	0.08	0.00	0.00	0.00	0.00
第5梯级	0.11	0.04	0.00	0.00	0.00	0.00
第6梯级	0.34	0.19	0.05	0.02	0.10	0.07
第7梯级	0.72	0.95	0.07	0.23	0.00	0.06
第8梯级	0.93	1.12	0.31	0.44	0.08	0.13
第9梯级	4.65	1.97	4.73	1.78	3.17	0.14

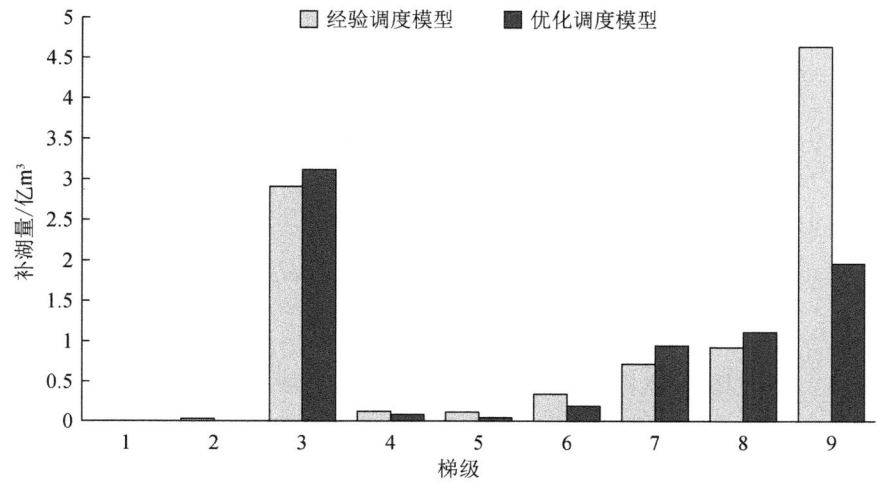

图5-26　特枯水年下经验调度模型与优化调度模型梯级缺水量柱状图

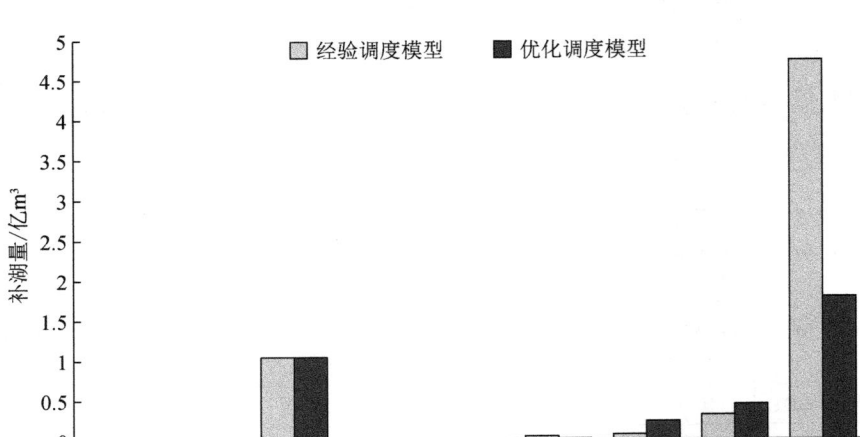

图 5-27　枯水年下经验调度模型与优化调度模型梯级缺水量柱状图

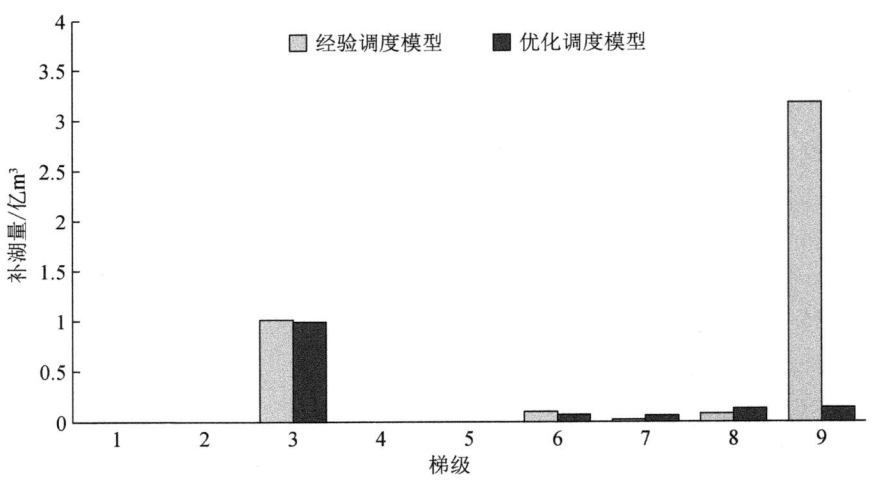

图 5-28　平水年下经验调度模型与优化调度模型梯级缺水量柱状图

5.3.3 典型区域供需分析

目前研究区存在供需矛盾,供水工程能力不足引起的局部地区缺水问题较为突出,缺水主要集中在南水北调东线江苏段调水线路的供水末梢,本研究区以徐州市为例,由于该地区处于南水北调东线江苏段调水线路的最末端,当调水量不足时,很容易产生缺水,因此有必要进行该区域的供需平衡分析(表 5-11)。徐州市优化前特枯水年总缺水为 6.79 亿 m^3,占研究区总缺水的 69%;枯水年总缺水为 5.14 亿 m^3,占研究区总缺水的 83%,平水年总缺水为 3.29 亿 m^3,占研究区总缺水的百分比为 75%。徐州市未启动优化调度之前缺水情况较为严重。

表 5-11 经验调度模型计算不同典型年下徐州市供需平衡情况

典型年	需水量/亿 m^3	供水量/亿 m^3	缺水量/亿 m^3	占研究区总缺水的百分比/%
特枯水年	56.77	49.97	6.79	69
枯水年	50.94	45.80	5.14	83
平水年	49.04	45.75	3.29	75

利用本章提出的优化调度模型计算徐州市的缺水情况,结果如表 5-12 所示,优化后徐州市的缺水量显著减少,对于特别干旱年,缺水由原来的 6.79 亿 m^3 减少为 4.25 亿 m^3;对于枯水年,缺水由原来的 5.14 亿 m^3 减少为 2.48 亿 m^3;对于平水年,缺水由原来的 3.29 亿 m^3 减少为 0.34 亿 m^3,徐州市的水资源供需状态得到了明显的改善。

表 5-12 调度模型优化前后不同典型年下徐州市缺水情况 单位:亿 m^3

典型年	特枯水年		枯水年		平水年	
	优化前	优化后	优化前	优化后	优化前	优化后
缺水量	6.79	4.25	5.14	2.48	3.29	0.34

对于徐州市而言,主要经过第 7 梯级、第 8 梯级和第 9 梯级,本章统计上述梯级优化前后的泵站抽水量,结果如图 5-29 至图 5-31 所示,可直

观看出,优化调度使得第 7、8、9 梯级内泵站的调水量显著增加,这直接导致了该区域内水资源量的大幅度增加,即优化后徐州市的缺水量显著减少。因此,在一定程度上说明了本章提出的优化算法对于利用泵站实现空间水资源的合理化分配具有较好的作用。

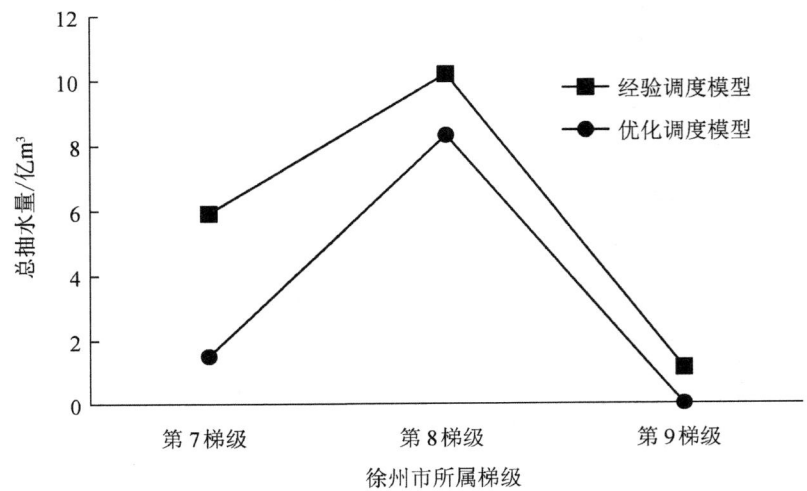

图 5-29　特枯水年下不同模型下影响徐州市调水泵站抽水量对比分析

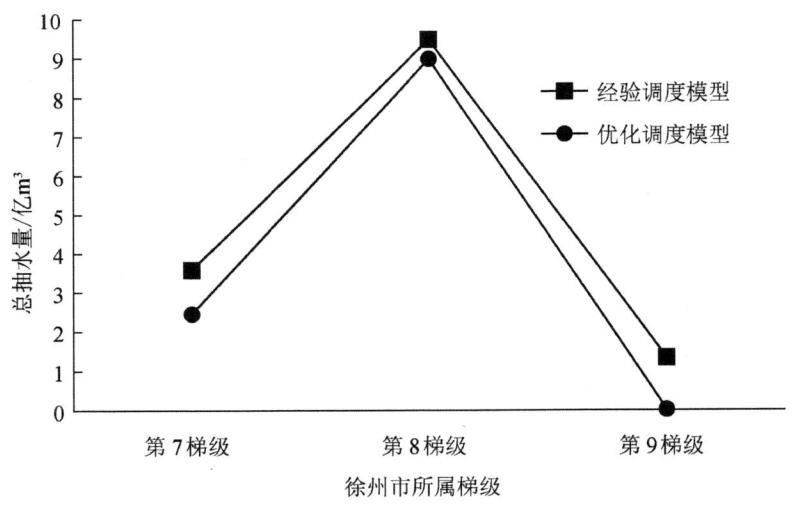

图 5-30　枯水年下不同模型下影响徐州市调水泵站抽水量对比分析

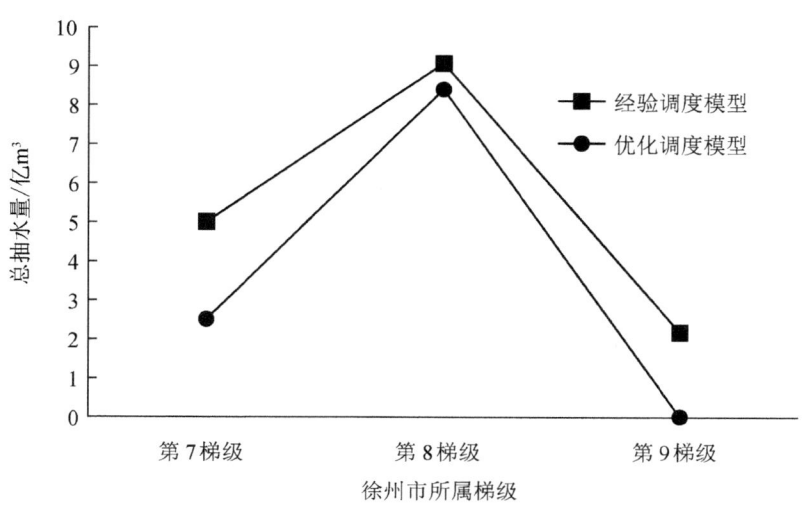

图 5-31 平水年下不同模型下影响徐州市调水泵站抽水量对比分析

5.3.4 缺水情况分析

根据模型计算结果,不同典型年优化调度方案下仍然存在供水矛盾,经分析可知,主要是由于模型在进行宏观调控时,由于泵站工程能力不足,调水不能按计划量进行分配。本章将不同梯级用户的时段需水与泵站最大可调水量之差作为泵站能力不足导致的缺水量,将该值进行统计并输出,结果如表 5-13 至表 5-15 所示。经分析可得出如下结论:

对于特枯水年,工程能力不足的泵站主要包括淮安四站、睢宁二站、单集站、大庙站、解台站,特别是解台站,能力不足情况最为严重,今后需增加上述泵站的能力,进一步保证调水工程充分发挥作用;对于枯水年,工程能力不足的泵站主要包括单集站、大庙站、解台站,此时仍然是解台站能力不足情况最为严重;对于平水年,工程能力不足的泵站主要包括单集站、大庙站,此时解台站不需要增加工程能力(图 5-32)。

表 5-13 特枯水年主要梯级泵站能力不足导致缺水量统计结果

单位：万 m³

泵站名称	1月	2月	3月	4月	5月	6月	7月	8月	9月	10月	11月	12月
江都一站	0	0	0	0	0	0	0	0	0	0	0	0
江都二站	0	0	0	0	0	0	0	0	0	0	0	0
江都三站	0	0	0	0	0	0	0	0	0	0	0	0
江都四站	0	0	0	0	0	0	0	0	0	0	0	0
宝应站	0	0	0	0	0	0	0	0	0	0	0	0
石港站	0	0	0	0	0	0	0	0	0	0	0	0
金湖站	0	0	0	0	0	0	0	0	0	0	0	0
淮安三站	0	0	0	0	0	0	0	0	0	0	0	0
淮安一站	0	0	0	0	0	0	0	0	0	0	0	0
淮安二站	0	0	0	0	0	0	0	0	0	0	0	0
淮安四站	0	0	0	0	0	0	0.8	0	0	0	0	0
淮阴二站	0	0	0	0	0	0	0	0	0	0	0	0
淮阴一站	0	0	0	0	0	0	0	0	0	0	0	0
淮阴三站	0	0	0	0	0	0	0	0	0	0	0	0
蒋坝站	0	0	0	0	0	0	0	0	0	0	0	0
洪泽站	0	0	0	0	0	0	0	0	0	0	0	0
泗洪站	0	0	0	0	0	0	0	0	0	0	0	0

第 5 章 基于多水源模拟优化耦合的水资源精准化配置

(续表)

泵站名称	1月	2月	3月	4月	5月	6月	7月	8月	9月	10月	11月	12月
泗阳站	0	0	0	0	0	0	0	0	0	0	0	0
泗阳二站	0	0	0	0	0	0	0	0	0	0	0	0
睢宁一站	0	0	0	0	0	0	0	0	0	0	0	0
睢宁二站	0	0	0	0	0	0	0	0	0	1.6	1.2	0
刘老涧一站	0	0	0	0	0	0	0	0	0	0	0	0
刘老涧二站	0	0	0	0	0	0	0	0	0	0	0	0
刘山(老)站	0	0	0	0	0	0	0	0	0	0	0	0
邳州站	0	0	0	0	0	0	0	0	0	0	0	0
单集站	0	0	0	0	0	0	27.0	132.5	0	0	0	0
刘山北站	0	0	0	0	0	0	0	0	0	0	0	0
刘山南站	0	0	0	0	0	0	0	0	0	0	0	0
皂河一站	0	0	0	0	0	0	0	0	0	0	0	0
皂河二站	0	0	0	0	0	0	0	0	0	0	0	0
大庙站	0	0	0	0	0	281.3	179.1	820.5	0	0	0	0
解台站	217.7	223.9	247.9	239.9	112.2	1033.5	209.1	0	0	99.9	223.8	247.9
沿湖站	0	0	0	0	0	0	0	0	0	0	0	0
蔺家坝站	0	0	0	0	0	0	0	0	0	0	0	0

表 5-14 枯水年主要梯级泵站能力不足导致缺水量统计结果

单位：万 m³

泵站名称	1月	2月	3月	4月	5月	6月	7月	8月	9月	10月	11月	12月
江都一站	0	0	0	0	0	0	0	0	0	0	0	0
江都二站	0	0	0	0	0	0	0	0	0	0	0	0
江都三站	0	0	0	0	0	0	0	0	0	0	0	0
江都四站	0	0	0	0	0	0	0	0	0	0	0	0
宝应站	0	0	0	0	0	0	0	0	0	0	0	0
石港站	0	0	0	0	0	0	0	0	0	0	0	0
金湖站	0	0	0	0	0	0	0	0	0	0	0	0
淮安三站	0	0	0	0	0	0	0	0	0	0	0	0
淮安一站	0	0	0	0	0	0	0	0	0	0	0	0
淮安二站	0	0	0	0	0	0	0	0	0	0	0	0
淮安四站	0	0	0	0	0	0	0	0	0	0	0	0
淮阴二站	0	0	0	0	0	0	0	0	0	0	0	0
淮阴一站	0	0	0	0	0	0	0	0	0	0	0	0
淮阴三站	0	0	0	0	0	0	0	0	0	0	0	0
蒋坝站	0	0	0	0	0	0	0	0	0	0	0	0
洪泽站	0	0	0	0	0	0	0	0	0	0	0	0
泗洪站	0	0	0	0	0	0	0	0	0	0	0	0

(续表)

泵站名称	1月	2月	3月	4月	5月	6月	7月	8月	9月	10月	11月	12月
泗阳一站	0	0	0	0	0	0	0	0	0	0	0	0
泗阳二站	0	0	0	0	0	0	0	0	0	0	0	0
睢宁一站	0	0	0	0	0	0	0	0	0	0	0	0
睢宁二站	0	0	0	0	0	0	0	0	0	0	0	0
刘老涧一站	0	0	0	0	0	0	0	0	0	0	0	0
刘老涧二站	0	0	0	0	0	0	0	0	0	0	0	0
刘集(老)站	0	0	0	0	0	109.6	7.5	0	0	0	0	0
邳州站	0	0	0	0	0	0	0	0	0	0	0	0
单集站	0	0	0	0	0	0	0	0	0	0	0	0
刘山站	0	0	0	0	0	0	0	0	0	0	0	0
刘山北站	0	0	0	0	0	0	0	0	0	0	0	0
刘山南站	0	0	0	0	0	0	0	0	0	0	0	0
皂河一站	0	0	0	0	0	0	0	0	0	0	0	0
皂河二站	0	0	0	0	0	0	0	0	0	0	0	0
大庙站	0	0	0	0	0	193.4	208.3	171.6	0	0	0	0
解台站	0	0	0	0	0	557.3	371.4	0	0	0	0	0
沿湖站	0	0	0	0	0	0	0	0	0	0	0	0
蔺家坝站	0	0	0	0	0	0	0	0	0	0	0	0

表 5-15 平水年主要梯级泵站能力不足导致缺水量统计结果

单位: 万 m³

泵站名称	1月	2月	3月	4月	5月	6月	7月	8月	9月	10月	11月	12月
江都一站	0	0	0	0	0	0	0	0	0	0	0	0
江都二站	0	0	0	0	0	0	0	0	0	0	0	0
江都三站	0	0	0	0	0	0	0	0	0	0	0	0
江都四站	0	0	0	0	0	0	0	0	0	0	0	0
宝应站	0	0	0	0	0	0	0	0	0	0	0	0
石港站	0	0	0	0	0	0	0	0	0	0	0	0
金湖站	0	0	0	0	0	0	0	0	0	0	0	0
淮安三站	0	0	0	0	0	0	0	0	0	0	0	0
淮安二站	0	0	0	0	0	0	0	0	0	0	0	0
淮安四站	0	0	0	0	0	0	0	0	0	0	0	0
淮阴二站	0	0	0	0	0	0	0	0	0	0	0	0
淮阴一站	0	0	0	0	0	0	0	0	0	0	0	0
淮阴三站	0	0	0	0	0	0	0	0	0	0	0	0
蒋坝站	0	0	0	0	0	0	0	0	0	0	0	0
洪泽站	0	0	0	0	0	0	0	0	0	0	0	0
泗洪站	0	0	0	0	0	0	0	0	0	0	0	0

(续表)

泵站名称	1月	2月	3月	4月	5月	6月	7月	8月	9月	10月	11月	12月
泗阳站	0	0	0	0	0	0	0	0	0	0	0	0
泗阳二站	0	0	0	0	0	0	0	0	0	0	0	0
睢宁一站	0	0	0	0	0	0	0	0	0	0	0	0
睢宁二站	0	0	0	0	0	0	0	0	0	0	0	0
刘老涧一站	0	0	0	0	0	0	0	0	0	0	0	0
刘老涧二站	0	0	0	0	0	0	0	0	0	0	0	0
刘集(老)站	0	0	0	0	0	2.9	0	60.7	0	0	0	0
邳州站	0	0	0	0	0	0	0	0	0	0	0	0
单集站	0	0	0	0	0	0	0	0	0	0	0	0
刘山站	0	0	0	0	0	0	0	0	0	0	0	0
刘山北站	0	0	0	0	0	0	0	0	0	0	0	0
刘山南站	0	0	0	0	0	0	0	0	0	0	0	0
皂河一站	0	0	0	0	0	0	0	0	0	0	0	0
皂河二站	0	0	0	0	0	0	0	0	0	0	0	0
大庙站	0	0	0	0	0	206.6	0	305.9	0	0	0	0
解台站	0	0	0	0	0	0	0	0	0	0	0	0
沿湖站	0	0	0	0	0	0	0	0	0	0	0	0
蔺家坝站	0	0	0	0	0	0	0	0	0	0	0	0

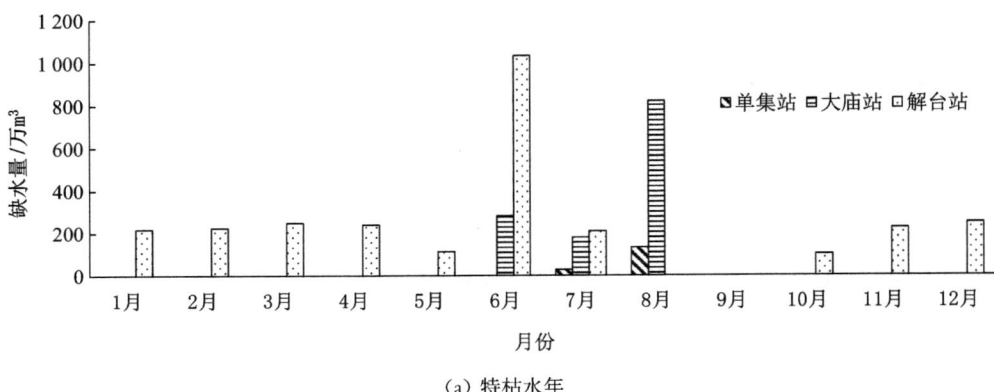

(a) 特枯水年

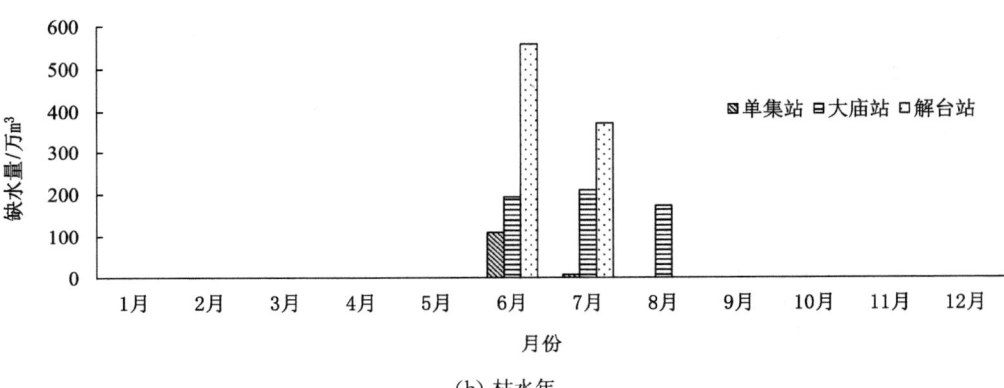

(b) 枯水年

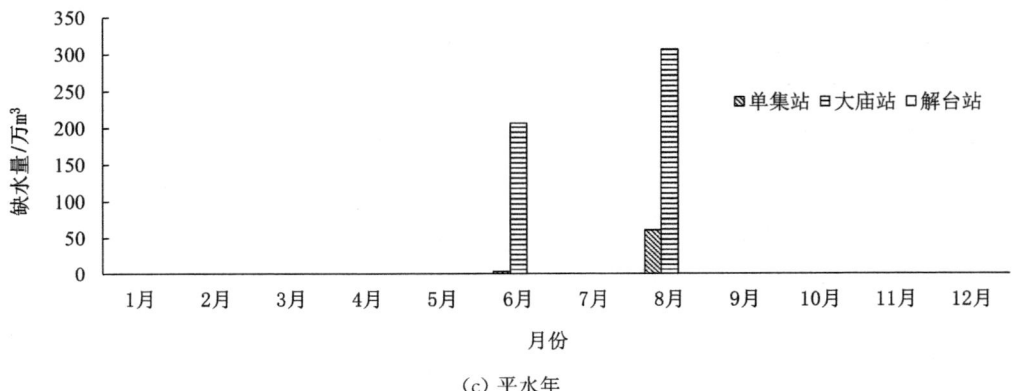

(c) 平水年

图 5-32 不同典型年梯级泵站能力不足导致缺水量统计结果

5.4 水资源调度、配置与管理信息系统集成

本书针对研究区水利工程密集、河网水系分布复杂、调度管理要求高的独特情境，设计并开发了一套耦合产汇流与水工程调度的水资源联合调度信息系统。该系统从整体架构上划分为四个核心模块，包括 GIS 可视化模块、产汇流模块、水资源调度模块以及水源划分模块，旨在实现各功能模块的有机结合，从而提升系统的整体性能与适用性。为支撑系统的高效运行，特别设计了水资源空间数据库和水文数据库，充分利用了 ArcGIS Engine 平台的强大功能，采用组件式开发技术，以实现对复杂水资源信息的快速处理及决策支持。该系统不仅提供了一种直观的人机交互界面，便于用户在微观层面上基于实际水户的用水需求进行科学的供水调配，还通过多维度的调度统计，实现了基于不同空间口径的实时调度分析，从而清晰地划分各用水口门的水源来源。这一系列的设计与开发不但为水资源管理提供了强有力的技术支持，也为相关决策者在复杂的水资源调度环境中提供了可靠的数据依据，有助于实现水资源的优化配置与可持续利用。

5.4.1 总体设计

1）需求分析

水资源联合调度信息系统应具备科学性、先进性、可靠性与实用性，旨在准确反映当前库群联合调度的发展趋势，为复杂水资源调度和配置系统的高效联合调度提供坚实的技术支持。这一系统不仅应提升相关规划设计的工作效率，还应确保出具的成果具备较高的质量标准，从而有效促进水资源的合理利用和可持续发展。为实现这一目标，水资源联合调度信息系统需满足多个关键需求，包括但不限于：一是全面的数据集成能力，能够实时获取和处理来自多源的水资源数据；二是

科学合理的调度算法,能够依据不同的水文气象条件和用户需求进行动态调整;三是可靠的系统稳定性,确保在各类复杂环境下的正常运行;四是友好的用户界面与强大的可视化功能,使得调度人员能够直观地理解和操作系统,提高决策的有效性;五是灵活的扩展性,能够根据未来水资源管理需求变化,不断进行系统的更新与优化。综合以上需求,水资源联合调度信息系统将成为推动水资源优化配置的重要工具,对于实现水资源的高效利用和管理具有重要的现实意义。具体要求如下:

(1) 数据的组织和管理

南水北调江苏受水区的水利工程集群在联合运作中展现出复杂的内在相互影响关系。因此,开发一个系统以厘清这些水利工程的空间关系和响应关系显得尤为重要。该系统需对不同水利工程的属性进行统计,并对雨情、水情及工情等多元要素进行综合考核。这些数据不仅包括空间数据,还涵盖了相应的属性数据,因此,必须建立一个科学而高效的组织管理方式来处理和存储这些信息,以为系统分析提供坚实的数据基础支持。通过合理的数据管理与分析,可以提高水资源的利用效率,确保水利工程的可持续运行。

(2) 调度决策服务

研究区水资源调度的核心任务是深入模拟农业、工业、生活、生态以及船闸等不同领域对水资源的需求,并基于各用水户的优先级制定相应的水源供给方案。本系统计划构建一个集水资源模拟、调度、配置与管理于一体的综合决策平台。依托 GIS 技术,我们旨在设计并实现一个操作简便、实时性强、可视化效果突出且性能优越的信息系统,旨在为水利各级部门提供科学的决策依据与高效的管理工具。这一目标的实现,不仅将提升水资源的管理水平,还将为区域可持续发展奠定坚实基础。

2) 技术框架设计

系统所需满足的硬件条件如表 5-16 所示:

表 5-16　系统所需硬件条件列表

监视器	有 Super-VGA（800×600）或更高分辨率的显示器
内存	至少 8 GB 并且应该随着数据库大小的增加而增加，以便确保最佳的性能
处理器速度	最低要求：x64 处理器： 4.0 GHz 或更快
处理器类型	x64 处理器： AMD Opteron、AMD Athlon 64、 支持 Intel EM64T 的 Intel Xeon、 支持 EM64T 的 Intel Pentium IV
CRWRIS 开发服务器配置	处理器：Intel Core i9； 内存 16 GB； 系统：64 位； 显示器分辨率：1 920×1 080

系统操作系统可以采用目前通行的主流操作系统：windows 7 简体中文版、Windows 10 简体中文版、Windows 11 简体中文版。安装 Microsoft SQL Server 2019 及以上版本的客户端软件。整个系统在 C♯ 开发环境中得以实施，充分利用了 ArcGIS Engine 所提供的地理信息系统（GIS）组件及可视化控件。这些组件和控件的集成，能够有效提升系统的功能性和用户体验。为了确保系统稳定高效地运行，建议用户在实施时充分考虑硬件性能、操作系统版本以及其他相关软件的兼容性，以保证最佳的运行效果。

结合本书前文系统需求，在 Visual Studio 2013 平台下，构建水资源联合调度信息系统，系统平台采用 C/S 模式进行开发，系统技术框架如图 5-33 所示。水资源数据的属性数据通过 SQL 数据库进行访问，地图数据则通过 ArcGIS Engine 组件进行访问和操作。工作模式从逻辑上可分为数据层、中间层和应用层。数据层主要体现水资源联合调度信息系统如何存储和管理空间数据和属性数据；中间层反映了系统开发的基本架构如：C♯ 开发环境，ArcGIS Engine 组件式技术，中间层负责连接数据层,并处理应用层的请求;应用层为系统所提供的相关功能应用服务如基本 GIS 功能、查询与统计工具、可视化工具、调度方案工具等。

在数据管理领域,水资源数据的管理采用 SQL Server 数据库管理系统,以确保数据的高效存储和检索。同时,地图数据则通过 ArcGIS 进行处理,并保存为 mxd 格式的地图文档。这种做法不仅有助于数据的系统化管理,还方便了在 ArcGIS Engine 中 Map Control 控件的调用,从而提升了水资源数据的可视化和分析能力。这种集成方式有效支持了水资源相关业务的决策制定和管理优化。

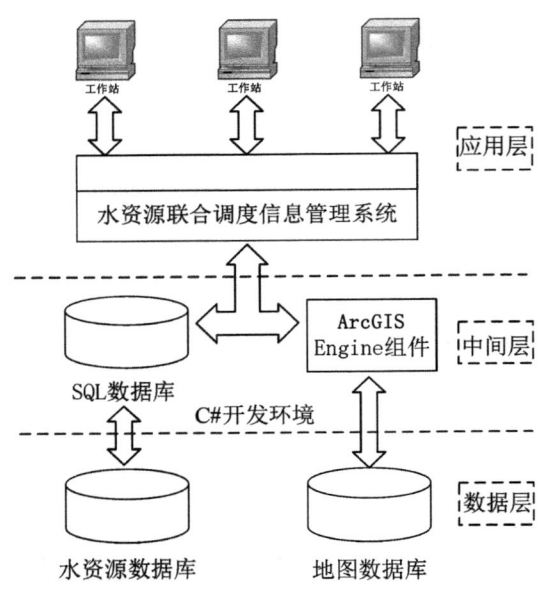

图 5-33 系统技术框架

3）功能模块设计

水资源联合调度信息系统的主要功能在于提供高效的模拟调度方案,以便于政府部门及管理人员能够更为科学和合理地进行指挥调度。在实际应用中,考虑到用户的需求和使用的便捷性,我们对系统的功能模块进行了细致的划分。这一功能结构的设计旨在确保用户能够轻松访问所需的各项功能,从而实现对水资源的有效管理与调配。系统功能结构如图 5-34 所示,清晰展示了各模块之间的关系和相互作用,便于用户理解与使用。通过这种模块化设计,系统不仅提升了操作效率,同时也增强了用户体验,使各级管理部门在调度决策时能够得到及时、准确的信息支持,从而更好地应对水资源管理的复杂性和动态性。

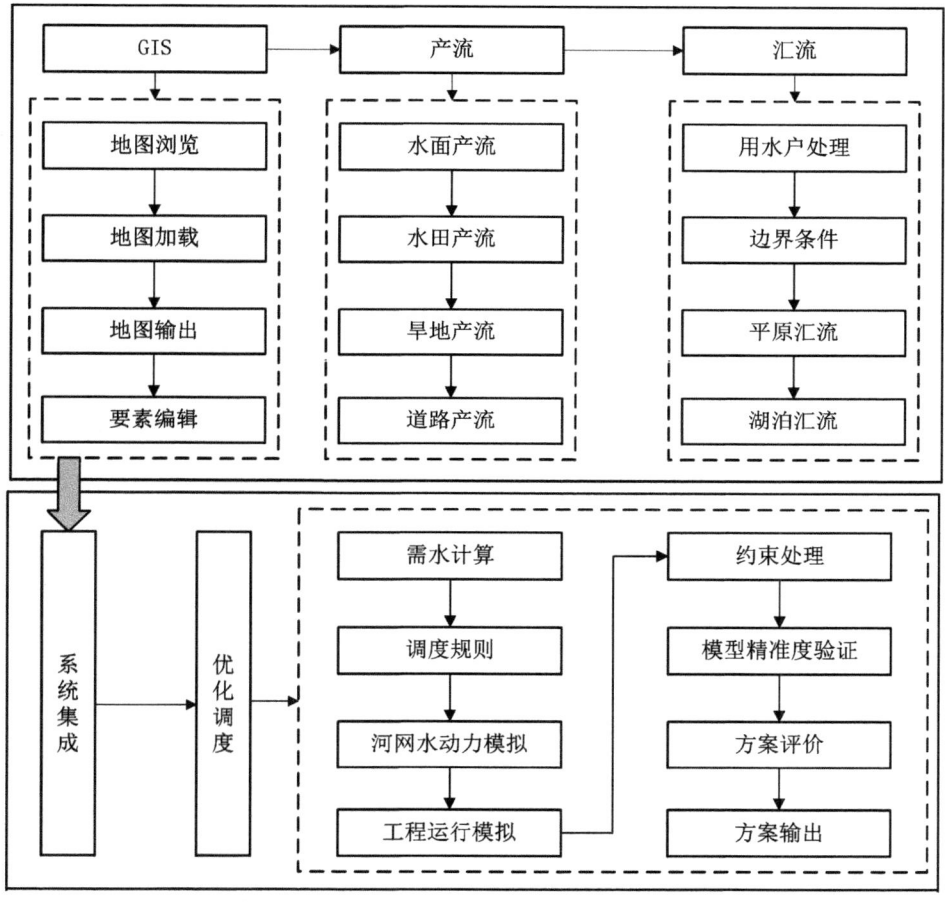

图 5-34　系统功能结构图

在 Windows 窗体应用程序的开发过程中,加入合适的控件以增强用户界面和操作便捷性至关重要。本书提供的软件应用程序中集成了

Toolbar Control 控件、Map Control 控件和 License Control 控件，并将其 Buddy 属性设置为 axMapControl1。考虑到本系统对地图操作的需求相对较低，我们所选用的 Toolbar Control 控件功能较为简洁，仅包括"打开"（Open）、"放大"（Zoom in）、"缩小"（Zoom out）、"识别"（Identity）、"全视图"（Full Extent）以及"范围"（Span）这六个基本功能。这种选择不仅满足了用户在地图操作上的基本需求，还在界面设计上保持了简洁和易用，确保用户能够快速上手并有效完成基本的地图浏览任务。本系统中的产流模块、汇流模块、优化调度模块的构建原理详见本书前文。

5.4.2 水资源调度数据库设计

系统所需数据将分为两类：空间数据和水文数据。因此本系统中水资源调度数据库按数据类型设计为两个数据库：空间数据库和水文数据库。

在现代水资源管理的背景下，数据库在复杂数据的存储、加载和读取过程中扮演着不可或缺的角色。本书所设计的水资源调度系统所需的数据分为两部分：分别是空间数据和水文数据。合理的分类能实现系统的结构化管理，还能够有效提升数据处理的效率与准确性。空间数据主要涵盖地理信息、河流走向、湖泊分布等与地理位置密切相关的要素，而水文数据则集中于水流量、降水量、蒸发量等与水循环环动态相关的指标。与之相应的是系统中的水资源调度数据库被设计为两个独立的数据库：空间数据库和水文数据库。这样的设计确保了在进行数据操作时，能够针对不同类型的数据采用最优的存储和处理方案，从而为水资源的科学调度提供强有力的数据支撑与技术保障。

1) 空间数据库

空间数据库的主要功能是有效地存储和管理矢量地图数据。在这一过程中，空间数据的导入主要依赖于在 C# 环境中使用 ArcGIS Engine 组件式控件，从而简化了数据处理的复杂性。通过在 ArcGIS 平台上完成前期的数据准备工作，用户能够以更加高效和便捷的方式将空间数据整合至数据库中。这不仅提高了数据管理的效率,还确保了空间信息的准确性和一致性,为后续的地图分析和应用打下了坚实的基础。

本书将分别从点线面数据对空间数据进行分类,具体如下:点数据为闸站枢纽、模型概化节点;线数据为概化河网、研究区范围;面数据为湖泊、县级市区划、地级市区划、水资源分区区划。为了各计算模块数据的一致性,系统中涉及的空间数据统一进行编号,水资源分区、地级市和部分县级市的编码如表 5-17 至表 5-19 所示。

表 5-17 水资源分区编码

水资源分区编号	水资源分区名称
E020110	安河区
E020210	盱眙区
E030210	渠北区
E030220	里下河腹部区
E040210	丰沛区
E040310	骆马湖上游区
E040510	赣榆区
E040410	沂北区
E040420	沂南区
F120320	浦南区

表 5-18 地级市编码

地级市编号	地级市名称
D320300	徐州
D320700	连云港
D320800	淮安
D320900	盐城
D321000	扬州
D321300	宿迁

表 5-19　部分县级市编码

县级市市编号	县级市名称
X321301	宿迁市辖区
X321302	宿城
X321311	宿豫
X321322	沭阳
X321001	扬州市辖区
X321003	邗江
X321012	江都
X321023	宝应
X321081	仪征

在以 ArcGIS 为平台构建数据库的过程中，通常会选择个人地理数据库或文件地理数据库。个人地理数据库的空间大小一般限制在 2 GB 以内，而文件地理数据库则具有无存储空间限制的优势。因此，本系统决策采用文件地理数据库(gdb)来构建空间数据库。在存储空间数据时，点数据、线数据和面数据均以 shapefile 格式保存。在建立坐标系统时，选定 Krasovsky_1940_Albers 坐标系为基准。以图 5-35 为例，我们可以在 ArcGIS 中查询特定点要素的空间属性，该模型所概化的节点位于县级市层面，具体归属于新沂市。

2) 水文数据库

在水文数据库的管理过程中，数据种类繁多且数量庞大。为了提升数据库的管理效率，采用数据分类和标准化的手段显得尤为重要，同时对入库的水文数据进行详细的描述也是不可或缺的一环。数据表的设计是数据库设计的核心环节，一个合理的数据表设计不仅能够减少对数据的附加说明，还能有效简化数据入库的流程。因此，经过细致的考虑与分析，我们最终确定了入库的数据表结构如下：

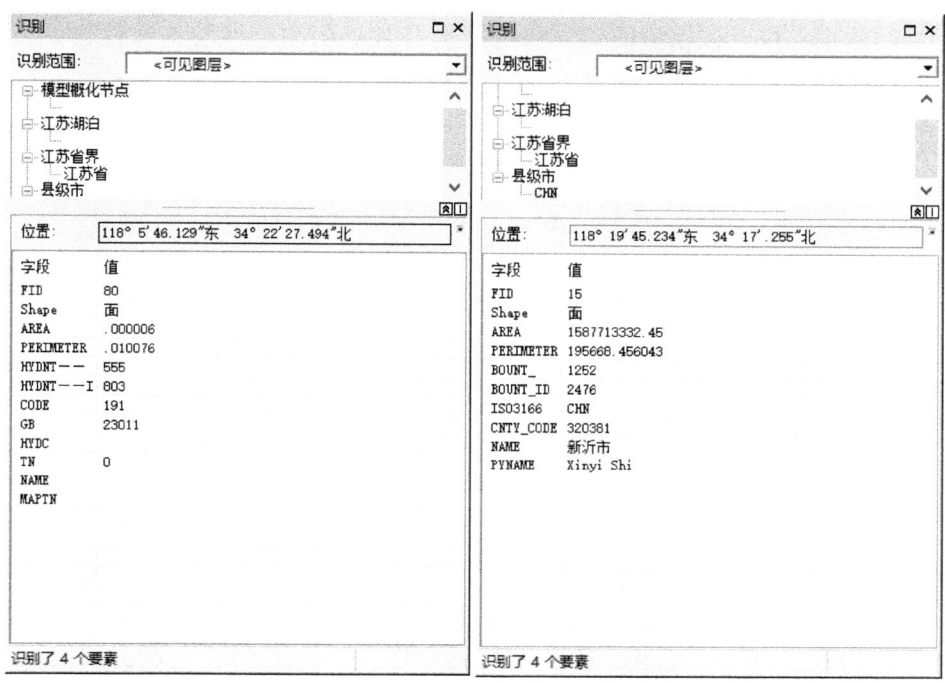

图 5-35　点数据与面数据关系

（1）基础数据表包含与年份变化无关的关键数据，这些数据对研究和分析水资源管理及农业生产具有重要意义。主要包括分市土壤平均缺水量、湖泊调蓄节点（表 5-20）、渗漏量比例、水稻生育期控制指标、水面蒸发折算系数等。

（2）随年份变化的数据，即统计数据表：船闸调度、分水源比例、灌溉定额_水稻泡田期、灌溉定额_水浇地菜地、灌溉水利用系数、河道特征、节点实测水位、节点特征、面上旁侧出流、气象_降雨、气象_蒸发、下垫面属性、用水户（船闸、工业、农业、生活、生态）、域外节点、闸站开关等级、闸站实测流量、闸站特征、闸站逐日实际流量（表 5-21 至表 5-27）。

对上述数据表进行整理后，我们可以构建出水文数据库部分数据表的逻辑模型。该模型旨在清晰地展示各数据表之间的关系及其结构，以便于后续的数据存取和管理。通过合理的表设计和字段设置，我们能够确保数据库的高效性和可扩展性，从而为水资源管理和相关研究提供可靠的数据支撑。该模型的建立将有效提升数据的整合性与一致性，为后续的数据分析和决策支持奠定基础。

表 5-20　湖泊调蓄节点

列名	数据类型	允许 Null 值	单位
调蓄节点编码	int		
湖泊名称	text	✓	
所属水资源分区编码	int	✓	
水位	varchar	✓	m
面积	varchar	✓	km²
体积	varchar	✓	亿 m³

表 5-21　下垫面属性

列名	数据类型	允许 Null 值	单位
水资源分区编码	int	✓	
地级市编码	int	✓	
县（区、市）编码	int		
建设用地面积	varchar	✓	km²
水面	varchar	✓	km²
水田	varchar	✓	km²
山区旱地	varchar	✓	km²
平原旱地	varchar	✓	km²
水田转旱地比例	varchar	✓	
湖泊水面面积	varchar	✓	km²
不汇流的面积	varchar	✓	km²

第5章 基于多水源模拟优化耦合的水资源精准化配置

表 5-22 节点特征

列名	数据类型	允许 Null 值	单位
节点编码	int		
初始水位	varchar	✓	m
初始流量	varchar	✓	m^3/s
生态水位	varchar	✓	m
最高水位	varchar	✓	m
经度	varchar	✓	
纬度	varchar	✓	
所在河道河底高程	varchar	✓	m
分区编码	int	✓	

表 5-23 河道特征

列名	数据类型	允许 Null 值	单位
河道编码	int		
首节点编码	int	✓	
末节点编码	int	✓	
首节点底高	varchar	✓	m
末节点底高	varchar	✓	m
首节点底宽	varchar	✓	m
末节点底宽	varchar	✓	m
左集水区编码	int	✓	
右集水区编码	int	✓	
河道长度	varchar	✓	m
边坡	varchar	✓	
河道水深	varchar	✓	m
糙率	varchar	✓	
输水损失	varchar	✓	$m^3/m/s$

表 5-24　气象_蒸发

列名	数据类型	允许 Null 值	单位
水资源分区编码	int		
地级市编码	int	✓	
1	varchar	✓	
2	varchar	✓	
……	varchar	✓	
365	varchar	✓	
366	varchar	✓	

表 5-25　面上旁侧出流

列名	数据类型	允许 Null 值	单位
水资源分区编码	int		
地级市编码	int	✓	
林牧渔畜用水量	varchar	✓	亿 m^3/年
工业面上去点用水	varchar	✓	亿 m^3/年
生活面上去点用水	varchar	✓	亿 m^3/年
2005 年现状生态面上	varchar	✓	亿 m^3/年

表 5-26　用水户_船闸

列名	数据类型	允许 Null 值	单位
取水口门编码	int		
取水口门名称	text	✓	
首节点编码	int	✓	
末节点编码	int	✓	
口门规模流量	varchar	✓	m^3/s
水资源分区编码	int	✓	
地级市编码	int	✓	
县级编码	int	✓	

(续表)

列名	数据类型	允许 Null 值	单位
干线编码	int	✓	
所属梯级	int	✓	
用水户名称	text	✓	
流量	varchar	✓	m^3/s
属性	text	✓	
平均每天开闸次数	varchar	✓	
船闸等级	text	✓	
最低通航水位（闸上）	varchar	✓	
最大通航水位（闸下）	varchar	✓	
每次开闸耗水量	varchar	✓	m^3
年开闸耗水量	varchar	✓	万 m^3

表 5-27 闸站特征

列名	数据类型	允许 Null 值	单位
闸站编号	int		
闸站名称	text	✓	
闸站类型	int	✓	
首节点	int	✓	
末节点	int	✓	
孔数	int	✓	
闸孔净宽	varchar	✓	
闸底高	varchar	✓	
其中航孔数	varchar	✓	
航孔净宽	varchar	✓	
闸净总宽	varchar	✓	
自由出流系数	varchar	✓	
淹没出流系数	varchar	✓	
设计流量	varchar	✓	m^3/s

3) 数据库表间关系

在空间数据库中，各类空间数据通常以 shapefile 格式进行存储，这是一种广泛应用于地理信息系统（GIS）中的文件格式。在 ArcGIS 软件中，shapefile 通过经纬度坐标构建空间关系，确保数据的地理准确性和可用性。通过将地理对象表示为点、线或面，这种格式能够有效地支持空间分析与制图，便于用户对复杂的地理现象进行深入研究和可视化展示。此外，shapefile 格式的兼容性和开放性，使其成为各种 GIS 应用中的重要数据交换标准，促进了不同系统和平台之间的数据共享与集成。

水文数据库中各数据表关系较为复杂，将各数据表按不同模块计算步骤进行划分：（a）产汇流计算时所需的数据表，包括地级市、水资源分区的划分，气象数据，下垫面属性以及水稻生育期控制指标。（b）调度水源划分计算时所需的数据表，包括农业、工业、生活、生态、船闸五类用水户数据，各湖泊、河道、闸站信息，灌溉用水定额及利用系数，面上测出流和渗漏量比例。（a）、（b）具体内部之间关系见图 5-36 和图 5-37。

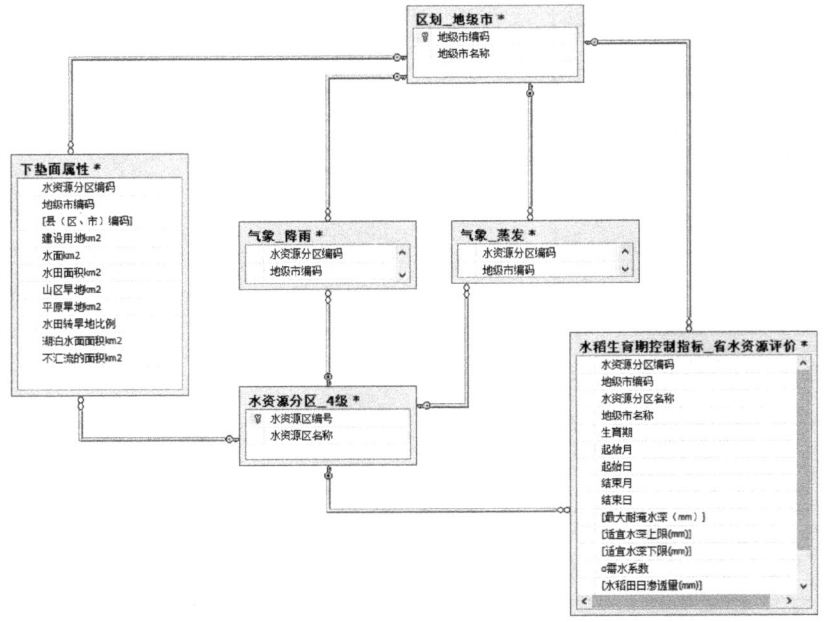

图 5-36　产汇流数据 E-R 图

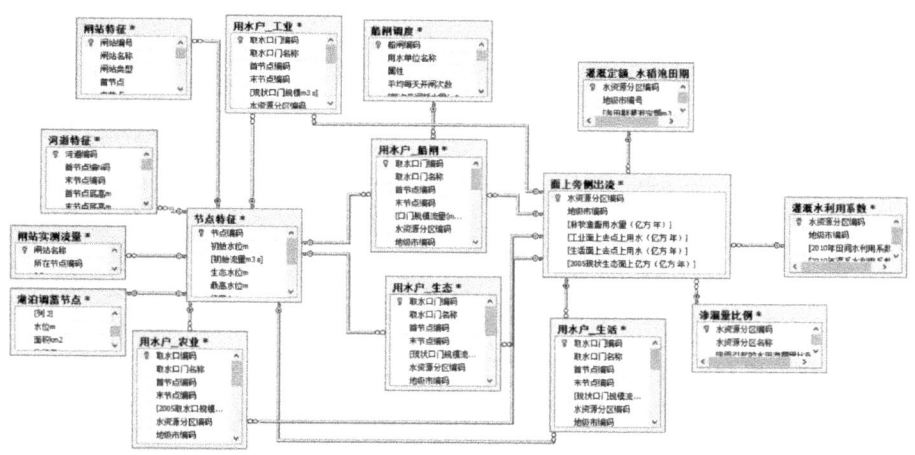

图 5-37　调度数据 E-R 图

在图 5-36 所示的数据表中,详细列出了地级市、水资源分区、降雨、蒸发以及下垫面属性等关键指标,并阐明了它们之间的关系。具体来看,地级市与降雨之间呈现一对多的关系,同时水资源分区与降雨、蒸发与地级市、以及水资源分区与蒸发之间均存在一对多的关联。此外,地级市和下垫面属性、水资源分区与下垫面属性间也是一对多的关系。本系统整合了空间数据库和水文数据库,通过统一编码实现相互关联。在空间数据库中,统计区域之间的关系较为复杂,以水资源分区和地级市为例,由于统计口径的差异,两者在实际意义上没有直接的空间统属关系。然而,它们都可以以县级市作为最小统计单位进行关联。因此,在涉及区域统计的数据库中,均以县级市为基准进行初步统计,并为所有建立了一对多关系的水资源分区与地级市数据表设定了市与县的对应关系,以县级市编码作为承载这一关系的关键。

表 5-28　统计区域关系

水资源分区编码	地级市编码	县(区、市)编码
E020110	D320800	X320804
E020110	D320800	X320829

(续表)

水资源分区编码	地级市编码	县(区、市)编码
E020110	D320800	X320830
E020110	D321300	X321323
E020110	D321300	X321324
E020110	D321300	X321311
E020110	D320300	X320324
E020110	D320300	X320312
E020110	D320300	X320301
E020210	D320800	X320830
E030210	D320800	X320803
E030210	D320900	X320923
E030210	D320900	X320922
E030210	D320800	X320801
E030220	D321000	X321012
E030220	D321000	X321084
E030220	D321000	X321023
E030220	D320800	X320803
E030220	D320900	X320923
E030220	D320900	X320922
E030220	D320900	X320901
E030220	D320900	X320925
E030220	D320900	X320903
E030220	D320900	X320981
E030220	D320900	X320982
E030220	D320600	X320621
E030220	D321200	X321201
E030220	D321200	X321281
E030220	D321200	X321204
E040210	D320300	X320312
E040210	D320300	X320301

(续表)

水资源分区编码	地级市编码	县(区、市)编码
E040210	D320300	X320322
E040210	D320300	X320321
E040310	D321300	X321311
E040310	D320300	X320381
E040310	D320300	X320324
E040310	D320300	X320382
E040310	D320300	X320312
E040310	D320300	X320301
E040310	D321300	X321301
E040410	D321300	X321322
E040410	D320300	X320381
E040410	D320700	X320723
E040410	D320700	X320701
E040410	D320700	X320722
E040420	D320800	X320804
E040420	D320800	X320826
E040420	D321300	X321323
E040420	D321300	X321311
E040420	D321300	X321322
E040420	D320700	X320723
E040420	D320900	X320922
E040420	D320900	X320921
E040510	D320700	X320707
F120320	D320500	X320509

在图 5-37 中所展示的数据表涵盖了多个重要特征，包括节点特征、闸站特征、河道特征以及相关的水资源利用情况，如闸站实测流量、湖泊调蓄节点、船闸调度、灌溉定额、灌溉水利用系数、渗漏量比例，以及不同类型的用水户(农业、工业、船闸、生态和生活)。各特征之间的关系由多

对一及一对一的结构构成。例如,节点特征与闸站特征、河道特征和用水户之间形成了一对多关系,而节点特征与闸站实测流量及湖泊调蓄节点则为一对一关系。面上旁侧出流同样与多个用水类型及灌溉相关指标建立了多对一关系,突出显示了水资源管理中的复杂性与相互依赖性。这种系统性的特征关系为后续的数据分析与决策提供了基础,有助于优化水资源的配置与利用。

5.4.3 模型功能实现

根据系统总体设计方案,水资源联合调度信息系统的原型开发现已完成。该系统实现了多个关键功能模块,包括基本的地理信息系统(GIS)功能、水文模拟、河网水动力模拟分析以及水资源优化调度。这些功能模块的结合,为用户提供了高效的数据处理和分析工具,能够在复杂的水资源管理场景中进行全面的决策支持。此外,通过选取具体的水资源数据进行实例分析,系统能够展示其在实际应用中的有效性与实用性,从而为水资源的合理利用和可持续发展提供有力的技术支撑。

1) 基本的 GIS 功能实现

菜单栏为数据管理、产汇流计算、需水量计算、调度方案选择、调度结果、帮助和退出。工具栏的控件为地图浏览的基本控件,包括打开地图文档、加载图层要素、界面缩放、移动等。界面左侧为加载的图层要素,右侧为研究区地图。地图包括了闸站枢纽、模型概化节点、枢纽节点、概化河网、湖泊、分区等信息。系统提供了数据库管理、产汇流计算、调度方案选择、调度结果分析等功能。

地图文件管理是 GIS 中的基本操作,涉及地图文档的打开、新建、保存及另存为等功能,通常以 .mxd 格式进行存储。用户能够方便地加载各种图层,并通过对不同要素的选择,生成特定研究区的专题地图。这些专题地图包括如闸站枢纽分布图和水系河网分布图等,能够有效地呈现地理信息,支持决策分析与研究工作的开展。通过合理的地图文件管理,可以提高工作效率,确保数据的准确性与可追溯性。

地图浏览：包括地图的放大、缩小、平移、全屏显示等基本基本功能；图层控制：可见、不可见、移除所有图层，可见、不可见、移除当前图层；地图标注：设置图层标注信息，可以是指需要标注的属性字段和相关信息，计算线要素的长度和面要素的面积周长（图 5-38）。

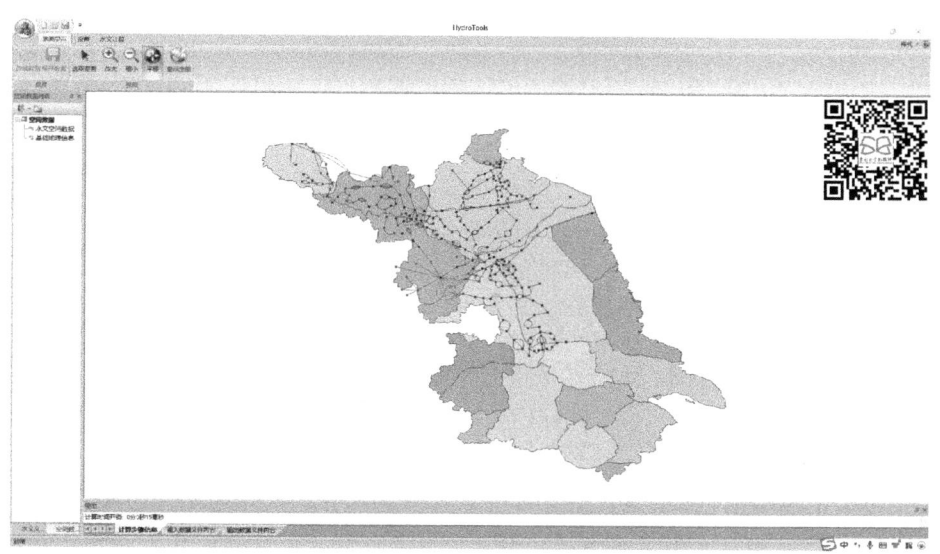

图 5-38　系统 GIS 功能展示示意图（扫码见彩图）

2) 水文模拟

水文模拟在水资源调度过程中占据着核心地位，成为评估和决策的基础依据。通过对入流和流出水文数据的精确计算，调度人员能够有效判断闸站的操作条件以及多空间尺度的用水需求（图 5-39、图 5-40）。水文模拟的功能体现于输入初始时间所需的多项相关数据，这些数据包括河道、节点的水位、流速及流量等基础信息。同时，水文数据库中的历史数据及产汇流模块计算获取的数据，将为后续的实时调度提供重要支持。按照通常设定的 15 分钟时间步长，系统将推导和更新各时间步长的数据，直至达到调度过程的终止时间。这一系列过程的有效实施不仅提升了水资源的管理效率，也确保了调度决策的科学性与准确性。

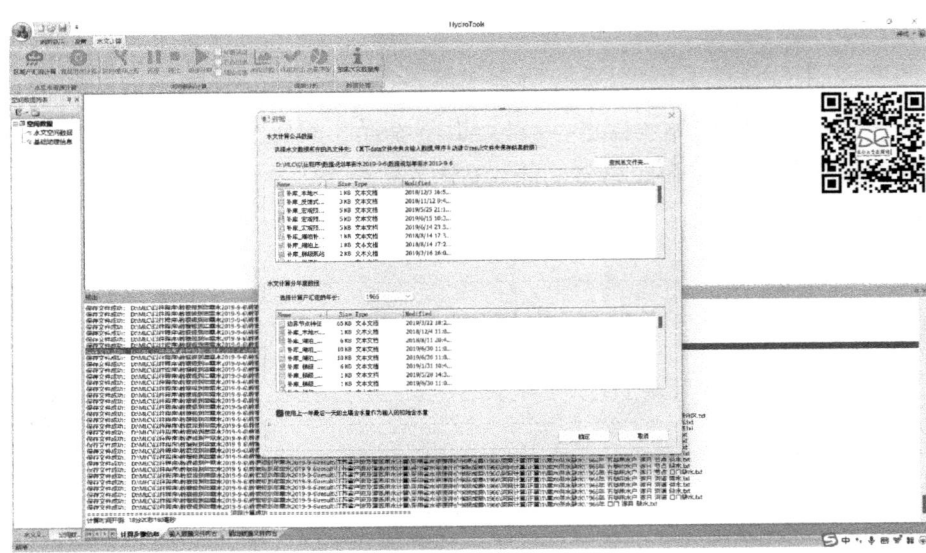

图 5-39　水文模拟模块参数输入示意图(扫码见彩图)

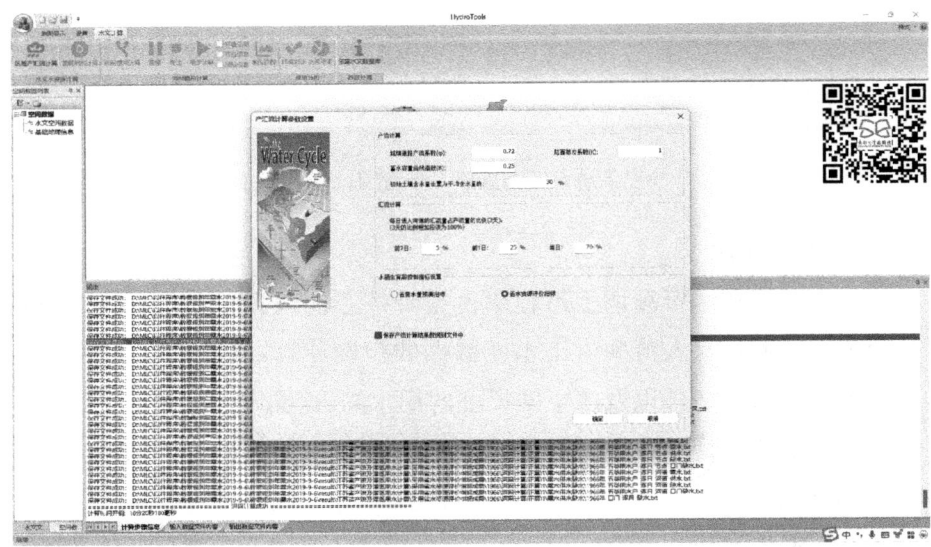

图 5-40　水文模拟模块功能展示示意图(扫码见彩图)

3) 闸站调度

闸站调度是水资源管理与调配中至关重要的环节,其主要目的是优化水资源的利用。研究区的水资源联合调度聚焦于闸站的调度情况,以确保水资源的合理配置。该调度过程首先需要输入初始的节点数据,包括水位、流量、生态水位及最高水位等重要指标。根据相关调度原则,系统将判断并决定闸站在初始时刻的开闭状态,并计算相应的流量,生成初步调度数据。在此基础上,系统将调用下一个时间步长的节点水位、流量及流速等信息,进行水文模拟,并输出该时刻的相关数据。随后,仍然依据调度原则,决定闸站在结束时刻的操作,直到调度终止时间为止,整个过程中对各时间步长的翻水量进行累计,以便得出各闸站的逐日水量分配,为后续的水资源管理提供科学依据(图5-41)。

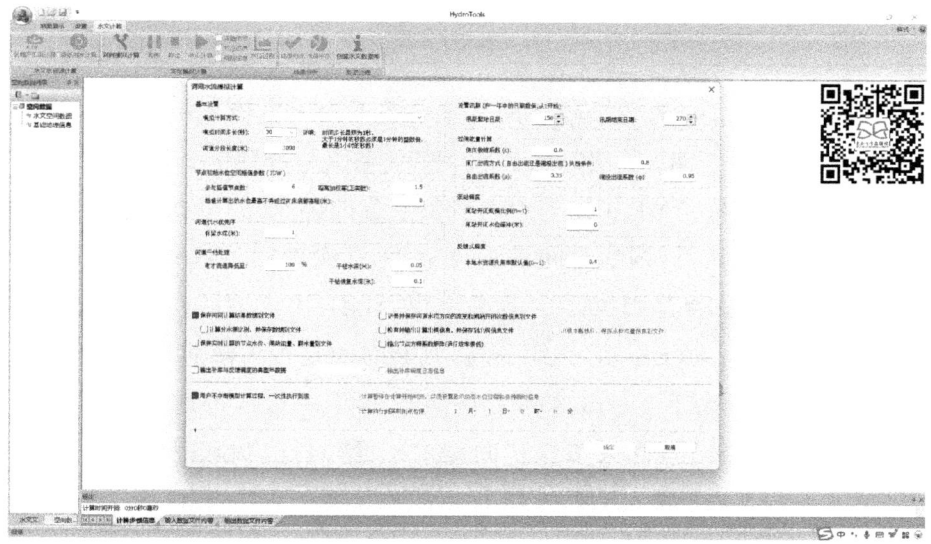

图 5-41　闸站调度功能展示示意图(扫码见彩图)

针对研究区内的河道特征,我们将其模拟为平底和梯形明渠,并基于河网水动力模型选择圣维南方程进行计算。鉴于天然河道中的洪水波运动具备非恒定流的特性,其水力要素随时间和空间的变化而变化,圣维南方程作为最早描述非恒定流的基本方程组,在此系统中被应用于表达河道的水文运动方式(表5-29)。通过采用这一方法,我们能够较为精确地捕捉水流特性,为进一步的水资源管理和灾害预警提供科学依据。

主要方法:将每个闸站开闭具体条件和闸站相关节点水位进行关联,将水位作为判断条件。以江都东闸为例,分析其调度原则。

表 5-29　江都东闸调度原则表

闸站编号	闸站名称	闸站类型	首节点	末节点	孔数	闸孔净宽	闸底高	其中航孔数	航孔净宽	闸净总宽
G498	江都东闸	水闸	N516	N519	13	6	-7	1	6	78
	N999	2	0	1	反	1	水位	判断节点	全年	
	N999	1.3	0	1	反	1	水位	判断节点	全年	
	N4	1.7	1	0	顺	1	水位	判断节点	汛前	
	N4	1.7	1	0	顺	1	水位	判断节点	汛后	
	END									

江都东闸为水闸,首节点 N516,末节点 N519,共有 13 孔。第一步,判定时间是否为全年,其次判定节点 N999 水位是否高于 2 m,如果是则执行 0(判断结束,开闸,由末节点向首节点反向翻水,开全孔),否则执行 1(下一行)。第二行,判断时间是否为全年,其次判定节点 N999 水位是否高于 1.3 m,如果是则执行 0(判断结束,开闸,由末节点向首节点反向翻水),否则执行 1(下一行)。第三行,判断时间是否为汛前,其次判定节点 N4 水位是否高于 1.7 m,如果是则执行 1(下一行),否则执行 0(判断结束,开闸,由首节点向末节点正向翻水)。第四行,判断时间是否为汛后,其次判定节点 N4 水位是否高于 1.7 m,如果是则执行 1(下一行),否则执行 0(判断结束,开闸,由首节点向末节点正向翻水)。第五行,结束判断,不开启闸门。

4) 多空间尺度用水分析

空间尺度用水分析是现代水资源管理中的重要组成部分,充分反映了调度功能的有效性。通过精准的水文模拟技术,针对各类闸站进行系统的调度,最终依照不同的调度方案,深入分析各用水户在不同空间尺度上的供需平衡状况。该过程的具体功能可以通过下图所示进行直观理解。首先,系统输入初始时的各项数据,利用用水原则对农业、工业、生活、生态及船闸等节点的流量使用情况进行评估。在这一过程中,水资源分区和地级市级别的数据分析尤为关键,因为它必须考虑到面上测流的具体情况,并据此输出相应的供水数据。接着,通过将实际供水量和需求量进行对比,系统能够及时判断初始阶段是否存在缺水现象。随后,调用初始供水数据,采用水文模拟方法推算下一个时间步长的数据,同样对各用水户节点进行流量使用情况的评估,确保在分析结束时也能及时输出供水数据并进行实际供需的比对,以判断最终阶段的缺水情况。这一过程将持续进行,直至调度终止,根据不同的空间尺度,分别按照地级市、水资源分区、区段、梯级及干线等维度统计算法中各个环节的缺水情况。这一系列步骤不仅为决策提供了科学依据,也为优化水资源的配置和使用提供了实用参考,有助于实现水资源的可持续管理(图 5-42)。

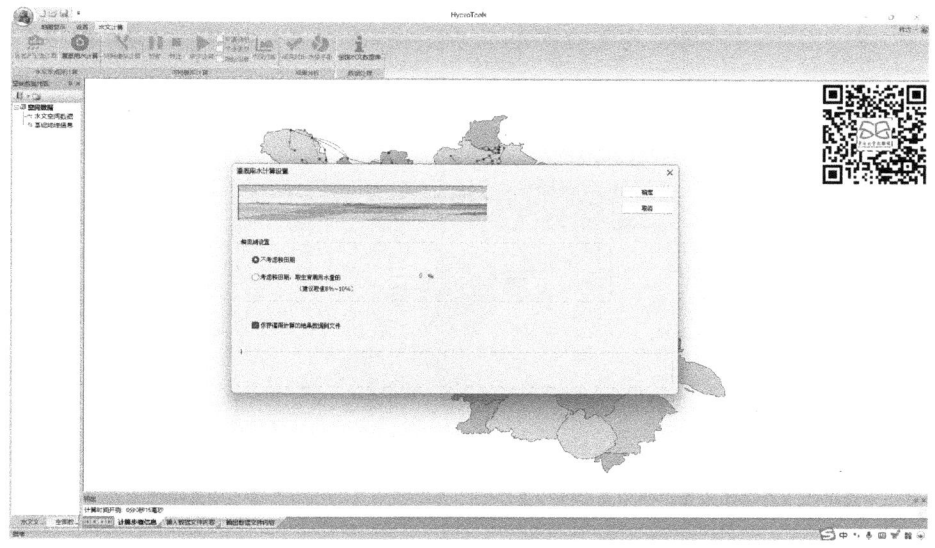

图 5-42　用水分析功能展示示意图(扫码见彩图)

5) 供水系统分解功能实现

研究区调水工程主要包括南水北调新增工程以及原江水北调工程两类。明确各类工程调水量,确定各类工程在调水过程中发挥的作用,是科学高效利用水资源所必须了解的内容。本文将水工程集群按南水北调新增工程以及原江水北调工程进行归类,分别统计调水量。

供水系统的功能如下图所示,首先需要输入初始时间的相关数据,这些数据主要涵盖各个水工程的属性归类以及泵站的抽水流量。这是确保后续计算精准的基础。在完成数据的分类统计后,系统将根据预设的时间步长(通常选择15分钟作为标准)进行一系列的运算,通过这一过程,可以逐步推导出下一时间步长的数据,并持续进行,直至达到调度的终止时间。在整个调度过程中,系统还需对水源的划分数据进行详细的统计,依据不同的空间尺度,如地级市、水资源分区、区段、梯级及干线等,全面分析供水系统的分解情况。这一系列的操作不仅有助于优化水资源的配置与管理,同时也为决策者提供了科学依据,以实现供水系统的高效运作和可持续发展。通过精准的数据分析与模型推导,可以及时调整供水方案,以应对不同时间段内水资源的需求变化,确保各区域供水的稳定与安全(图5-43)。

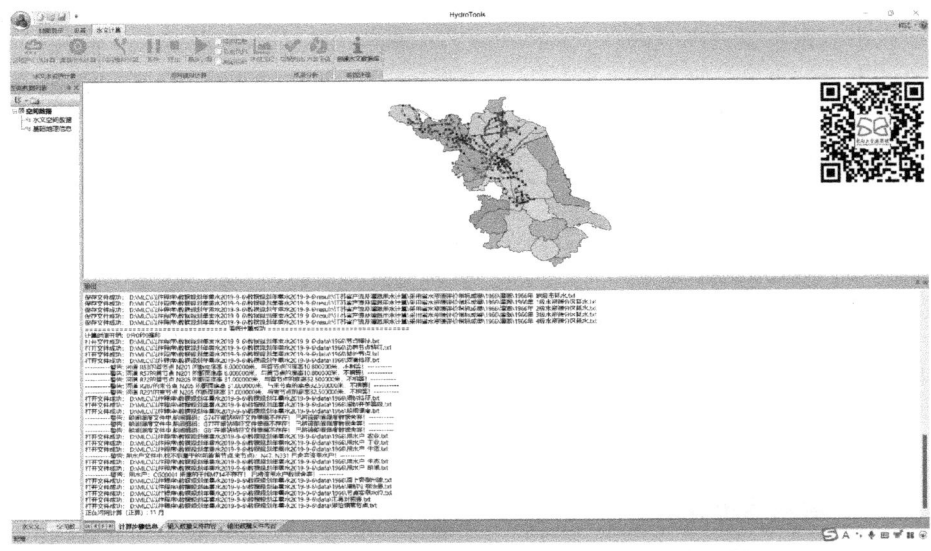

图 5-43 供水系统功能展示示意图(扫码见彩图)

第 6 章

总结与创新

第 6 章 总结与创新

跨流域多水源多目标联合调度决策精准至水利工程集群响应时,由于涉及控制变量及约束条件较多,此时需要构建模拟与优化耦合模型来实现精准化描述水资源系统的动态运行过程。针对多水源模拟优化耦合模型存在的诸多问题,本书从南水北调东线江苏段多水源多目标联合调度的可行性分析和精准化耦合水资源调度决策两个方面展开研究,又具体包含优化调度模型建立及求解、调度规则提取以及模拟优化模型建立等研究内容。

6.1 总结

本书以南水北调东线江苏段为研究对象,通过构建模拟与优化耦合模型实现了精准化描述水资源系统的动态运行过程。研究结论如下:

1) 供水水源丰枯组合特性分析

本书从定性、定量两个角度分析研究区内两湖的来水丰枯组合特性,阐明了进行两湖联合调度的切实性和必要性。利用双 Y 轴坐标作图法和距平脉冲图法描述了两湖径流是否存在丰枯遭遇的客观规律,其中前者用于分析年与年的丰枯遭遇特征,而后者用于分析丰枯年组(连续丰水年组、连续枯水年组);利用经验频率法、多组合形式的 Copula 函数法计算两湖径流的丰枯组合概率值并对计算结果进行总结归纳,本书重点针对 Copula 函数的应用进行分析和论证。经分析可知:

(1) 以 RMSE 和 AIC 作为拟合优度评价指标,年、汛期径流联合分布选择混合 Copula 函数较为合适,非汛期则选择 Gumbel-Hougaard Copula 函数较为合适。

(2) 两湖径流发生丰枯遭遇的概率值是 0.53,此时制定两湖相机补水的调度策略切合实际;出现"平枯""枯平"或"枯枯"组合的概率值是 0.38,该情况下通常需要抽引长江水缓解研究区干旱的状况。

2) 多情景优化调度模型构建及供需平衡优化分析

以南水北调东线江苏段为研究对象,结合了现有的模拟优化技术建立多水源水库群供水联合调度多情景分层优化模型,基于跨区域调水成本高于当地水源工程运行成本等基本原则,综合考虑跨区域调水经济成本因素,将供水按成本高低分为跨区域调水、区域内调水、本地水供水,选择不同供水方式的组合进行多情景供水效益分析,以降低系统综合缺水率为优化目标,以限定外调水量为约束,综合考虑不同水源调度成本差异构建逐步启用外调水供给的多情景优化调度模型,以南水北调东线江苏段及洪泽湖、骆马湖为研究对象建模分析,主要结论如下:

(1) 在不启用外调水及洪泽湖调水的情况下,两湖的本地水资源能满足平水及以上年型的用水户用水需求。当两湖来水偏枯时,研究区内用水户缺水率受到洪泽湖来水影响更为敏感。

(2) 当洪泽湖遭遇偏平及以上量级来水,且相对骆马湖来水丰沛时,启用洪泽湖向骆马湖调水可降低公共用水户及骆马湖周边用水户缺水量,一定程度上可降低系统缺水率。

(3) 在现行协议供水量条件下,引调江水可解决洪泽湖、骆马湖枯水年型组合下的缺水问题;在特枯组合来水年型下,综合缺水率在 5%~10%之间。

3) 结合实时来水水情的供水水库群启发式联合优化调度图研究

本书提出了结合实时来水水情的启发式调度图,该调度图以时段可供水量作为决策指示变量,相比于蓄水量作为决策指示变量的调度图,不仅能够保留传统调度图操作简单直观、物理意义明确等优点,还能够更有效地利用实时来水不断调整调度策略以减少调度过程中存在的供水不足问题,对于实际调度效果提升十分显著。

研究区水系复杂、水利工程较为集中,为了更好地考虑南水北调受水区水库群之间的联合调度问题,本书增加了调水控制线作为洪泽湖、骆马湖的相机补水以及引江补湖的启动条件,与原有的供水控制线共同组成供水水库群联合优化调度图。首先推求洪泽湖、骆马湖的初始调度图,再利用基于轮库迭代法、轮线迭代法以及逐次优化算法计算得到两湖的联合优化调度图,为研究区的水资源系统工程实际运行提供了较为可靠的调度方式。

4) 多水源模拟优化耦合模型

本书将传统的水资源优化调度模型与水资源模拟模型相耦合,克服水资源优化模型以及模拟模型时空尺度上的差异性,达到同时兼顾优化和模拟两个特征。通过优化调度预案—实时调度—修正反馈—优化调度的反馈、循环过程,提高优化调度水平,从而建立以水资源配置为抓手的调度"导航"系统,为提出真正契合研究区实际需求且秉持节水优先精髓的调度方案、实现调水工程集群高效用水优化调度方式提供了较为科学的技术支撑。

本模型相比传统调度模型,大大增加了调水系统的供水能力。优化调度模型与经验性调度模型相比,优点主要体现在以下几方面:

(1) 提出了河流水量分配方案,解决了水资源宏观配置与用水户的实际微观需求脱节的问题,将水资源逐一配置到水资源分区、行政分区、区段、干线、梯级、口门、用水户和水源上,实现江水、淮水、本地水等水源的高效配合。

(2) 研究了水利工程智能化和精准化调度,建立了智能化、精准化的水资源调度、配置与管理系统,能够进行精准化水资源优化调度。

(3) 少量增加梯级泵站的总翻水量,大幅减少研究区的总缺水量,多年平均泵站翻水增加 20.4%,缺水可以减少 68.2%,其优化效果较为显著。

(4) 能够有效地利用引江水来弥补本地供水的不足且利用效率更

高,在保证供水效益的前提下尽可能地降低了成本较高的引江水供给,极大程度地增加了水资源的利用效率。

(5) 缓解了局部特别是调水末梢缺水较为突出的问题,获得了供水工程能力不足的具体"堵点",以徐州市为例,通过优化调度,特枯水年、枯水年、平水年缺水减少了 37.4%、51.7%、89.7%。

(6) 工程能力不足的主要泵站为单集站、大庙站、解台站等,需要增加工程能力。

6.2 创新

本书的创新点主要体现在多个方面,首先在理论框架的构建上,通过对现有研究成果的深入分析与整合,提出了一个全新的视角,以更好地解释和理解所探讨的主题。这一视角不仅填补了现有文献中的空白,还为后续的研究提供了新的思路和方法。此外,本书在实证研究部分采用了最新的数据分析技术,利用大数据和机器学习方法,确保结果的精准性和可靠性,从而提升了研究的科学性和前瞻性。此外,作者还通过跨学科的视角引入了社会科学和自然科学的相关理论,拓宽了研究的深度和广度,从而使得本书的成果具有更广泛的适用性和影响力。最后,本书在实践应用方面也显示出了诸多创新,通过案例分析和实践验证,提出了一系列切实可行的建议,为相关领域的从业者提供了重要的参考和启示。综上所述,本书不仅在学术上具有重要价值,同时也为实际应用提供了理论支持,彰显了其独特的创新性。

1) 提出了多水源联合调度引调水成本的相对高低的成本递增多情景分层优化方法

在现代水资源管理的过程中,将供水方式按成本高低进行分类,具体可划分为跨区域调水、区域内调水以及本地水供水,这一划分有助于深入理解不同供水选择对资源配置的影响。通过选择不同供水方式的组合,进行多情景供水效益分析，能够有效避免直接计算供水成本所带来的复杂性。同时，这种分析方法不仅有助于量化各类供水方式在特定情境下的经济效益，还为考虑经济效益最大化的多水源联合优化问题提供了一种新的思路。具体而言，该方法能够综合评估不同供水形式在不同条件下的效益，以更好地指导决策者制定出优化的水资源配置方案，从而实现水资源的可持续利用与管理，提高整体社会经济效益。这一创新的分析框架，不仅提升了供水系统的效率，也为解决水资源供需矛盾、提升水安全保障水平提供了理论支撑和实践指导。

2) 建立了结合实时来水水情的启发式调度图

该调度图以时段可供水量作为决策指示变量，相比于将蓄水量作为决策指示变量的传统调度图，具有诸多显著优势。首先，尽管传统调度图因其操作简单直观和物理意义明确而广受欢迎，但其在应对动态变化的水资源时常显得力不从心。而以时段可供水量为核心的调度图，能够实时监控和调整供水策略，确保在变化莫测的气候条件或水源入流量波动的情况下，供水管理更加灵活高效。通过实时数据的反馈，该调度图可以及时识别出潜在的供水不足问题，并迅速制定相应的调整措施，从而降低因供应不足造成的风险，保障水资源的科学管理与分配。这一创新性方法不仅提升了水资源管理的精准度和效率，其在实际调度工作中的应用前景也无疑具有深远的实际意义，为优化水资源配置提供了重要的理论依据和技术支撑。

3) 构建了多水源模拟优化耦合模型，实现了水资源的精准化配置

本书通过将水资源优化调度模型与水资源模拟模型相耦合，创新性地解决了传统水资源优化模型与模拟模型在时空尺度上的差异性，充分兼顾了"优化"和"模拟"这两个关键特征。具体而言，该耦合模型不仅能够实现对供水的精准配置，使得水资源的调配能够直达各个取水口门及用户节点，同时也满足了远距离输水过程中的稳定性要求。这一方法的应用，不仅提高了整个系统供水的精确度，还显著提升了水资源的利用效率，从而为科学合理地管理水资源提供了有力的理论支持和实践指导，有助于应对日益严峻的水资源短缺问题,推动可持续发展的目标实现。这种综合性的管理模式为未来水资源的优化配置提供了新的思路,并为相关领域的研究者和实践者提供了重要的参考依据。

6.3 展望

伴随着国内外诸多跨流域调水工程的建成与投入使用,远距离多水源、多目标水资源系统的联合调度已逐渐成为学术界的研究重点以及生产实践中的热点问题。这一领域的研究涉及供水水源的多样化、受水用户的复杂性以及供需关系的多变性,此外,水工程集群的复杂结构和调度目标之间往往存在难以协调的一系列矛盾和问题。尤其是在跨流域联合调度的过程中,研究对象的复杂性加剧了问题的多样性与研究的困难,致使有效的解决方案难以制定和实施。因此,本书以参与的跨流域调水项目为出发点,深入分析了该研究领域中存在的一些关键问题,并针对这些问题提出改进建议。然而,由于时间与资源的限制,仍有许多尚未解决的问题亟待在后续的学习与工作中进一步探索,以便为未来的跨流域水资源管理提供更加科学、合理的理论基础与实践指导。希望本书的研究能够为相关领域的研究者和实践者提供启示,推动跨流域调水工作的持续优化与发展。

(1) 本书所提出的多水源联合调度模型主要涉及洪泽湖和骆马湖这两座供水水库,虽然在应用实践中为我们提供了一个相对简化的问题框架,使得模型的构建和计算过程更加高效且易于理解,但这种简化也导致了在面对更为复杂的水库群时,该模型的适用性和有效性仍需要进行深入的验证。这是因为,随着水库数量的增加及其拓扑结构的复杂化,系统间的相互作用和动态关系将显著增加,从而可能使得原有模型的预测能力和调度效果受到挑战。因此,未来的研究工作应当着重于测试并调整该模型,以确保其能够适应更大规模的水资源管理任务,尤其是需要对多种水源进行协同调度的复杂场景。这不仅有助于提升综合水资源利用效率,也对保障区域水安全与实现可持续发展目标具有重要意义。

(2) 目前结合预报的优化调度研究已经成为理论与实践领域中的一个重要热点问题,其核心在于预报的精确程度对实际调度所产生的显著影响。在各种调度模型中,如何有效地引入预报机制,以最大限度地利用预报信息,从而提升调度方案的可靠性和合理性,已成为亟待解决的关键问题。在已有预报精度的基础上,研究者们亟需探索如何优化调度方案,使其在面对不确定性时仍具备较高的适应性与灵活性。未来,在这一领域深入研究的过程中,将更加注重对预报数据的深度分析与挖掘,以便将相关信息融入调度决策中,从而实现理论与实践的有机结合,以提升整体调度效率及系统运行的稳定性。这一研究方向不仅将为优化调度提供新的理论依据,也有望在实际应用中实现显著的经济效益与社会价值。

(3) 本书主要集中于以水量分配为核心的传统水资源配置模式进行深入研究,通过分析这一模式的特点与局限性,为未来水资源管理的发展提供理论支持与实践指导。随着南水北调工程的不断推进,水资源的调配不仅仅是水量问题,更需要从水质的角度综合考虑。基于此,书中提出了未来的研究方向,即构建南水北调水工程群的水质水量联合调配模型。此模型将从水质与水量两个维度对研究区域的水工程群进行细致分析,力求实现水资源的合理配置与高效供给。同时,本研究所提出的方法将为"清水北调"的目标提供实用的实现路径,确保在高强度的水资源利用背景下依然能够维持水质的安全性。通过这些研究,我们希望在最严格的水资源管理体系下,为南水北调沿线受水区的供水安全与粮食安全提供保障。这不仅是为了地方经济的可持续发展,更是对于国家水安全战略的积极响应与支撑,具有重大而深远的战略意义。通过科学的水资源管理与配置,我们期望能够有效应对日益严峻的水资源短缺问题,为地区的发展和民生改善提供切实保障。

(4) 南水北调东线江苏受水区的水工程集群在运行过程中,展现出内在相互作用的复杂性,这不仅涉及水资源的合理调配,还涵盖了生态环境的保护、用水需求的满足以及社会经济的可持续发展。因此,有必要将实际运行调度中积累的宝贵经验有机地融合到优化调度方案中,从而构建出更加符合实际调度要求的闸站调度原则,这一过程将旨在提升水工程集群的整体运行效率,确保水资源的高效利用。为了实现这一目标,下一步将重点开展水工程集群间相互响应机制的研究,探索不同水工程之间的协作与协调,为优化调度提供科学依据。此外,进一步提高模型的模拟功能,将使得在多变的实际运行环境中,决策者能够更准确地预测水资源调配的效果,从而制定出更加科学合理的调度策略,以应对未来可能面临的各种挑战和不确定性。

综上所述,跨流域调水的联合调度研究面临诸多尚未解决的问题,这些问题的有效解决对实现科学合理的水资源管理具有重要意义。未来的研究需深入探讨多水源系统的构建,以构建更加完善的水资源配置网络;同时,预报信息的有效整合将有助于提升水资源调度的准确性和时效性。在水质与水量的联合调控方面,研究应关注如何优化水体质量与水量管理,以实现资源的可持续利用。此外,工程集群调度机制的创新亦是提升跨流域调水效率的关键因素之一。只有通过理论与实践的深度结合,才能为跨流域水资源的科学管理提供强有力的理论支持与实践依据,从而推动南水北调工程的可持续发展,确保沿线地区的水资源供给安全,促进区域经济的协调发展。这一系列的研究方向与目标将不仅对当前的水管理实践产生深远影响,也为未来的水资源保障与生态环境保护提供重要参考。

参考文献

[1] 钱正英,张光斗.中国可持续发展水资源战略研究综合报告及各专题报告[M].北京:中国水利水电出版社,2001.

[2] 姜文来,唐曲,雷波.水资源管理学导论[M].北京:化学工业出版社,2005.

[3] 吴炳方,曾红伟,马宗瀚,等.完善新时期水资源管理指标的方法[J].水科学进展,2022,33(4):553-566.

[4] 华士乾.我国水资源分布特点及其开发利用中的问题[J].自然资源,1979(2),34-40.

[5] 洪兴骏,刘德地,郭生练,等.实施最严格水资源管理制度面临的技术问题与挑战[J].水资源研究,2014,35(3):179-188.

[6] 左其亭,韩春辉,马军霞,等."一带一路"中国大陆区水资源特征及支撑能力研究[J].水利学报,2017,48(6):631-639.

[7] 左其亭,赵衡,马军霞.水资源与经济社会和谐平衡研究[J].水利学报,2014,45(7):785-792,800.

[8] Chen X J, Wang L F, Jia L Q, et al. China's water resources in 2020[J]. China Geology, 2021, 4(3):1-3.

[9] 王浩,王建华,秦大庸.流域水资源合理配置的研究进展与发展方向[J].水科学进展,2004,15(1):123-128.

[10] 柳长顺,陈献,乔建华.面向可持续发展的流域水资源合理配置原则探讨[J].水利发展研究,2005,5(4):4-7.

[11] 万芳,周进,原文林.大规模跨流域水库群供水优化调度规则[J].水科学进展,2016,27(3):448-457.

[12] 谢成玉,王国志.对跨流域调水工程运行管理体制的思考[J].中国水利,2013(20):11-12,46.

[13] 孔波.大型跨流域调水工程泵站-水库-电站群多目标优化调配研究[D].西安:西安理工大学,2021.

[14] 王煜,彭少明,武见,等.黄河流域水资源均衡调控理论与模型研究[J].水利学报,2020,51(1):44-55.

[15] 裴源生,许继军,肖伟华,等.基于二元水循环的水量-水质-水效联合调控模型开发与应用[J].水利学报,2020,51(12):1473-1485.

[16] 谢华,黄介生.两变量水文频率分布模型研究述评[J].水科学进展,2008,19(3):443-452.

[17] 李其梁,苑希民,杨敏,等.淮沂水系洪泽湖-骆马湖水资源联合优化调度研究[J].南水北调与水利科技,2013,11(2):10-13.

[18] 康玲,何小聪,熊其玲.基于贝叶斯网络理论的南水北调中线工程水源区与受水区降水丰枯遭遇风险分析[J].水利学报,2010,41(8):908-913.

[19] 黄星.新疆和田河年径流丰枯遭遇研究[D].石河子:石河子大学,2021.

[20] 费永法.一种计算洪水条件概率的方法[J].水文,1989(1):18-23.

[21] 戴昌军.多维联合分布计算理论在南水北调东线丰枯遭遇分析中的应用研究[D].南京:河海大学,2005

[22] Sharma A. Seasonal to interannual rainfall probabilistic forecasts for improved water supply management: Part 1—A strategy for system predictor identification[J]. Journal of Hydrology, 2000, 239(1): 232-239.

[23] Taormina R, Chau K W. Data-driven input variable selection for rainfall-runoff modeling using binary-coded particle swarm optimization and Extreme Learning Machines[J]. Journal of Hydrology, 2015, 529: 1617-1632.

[24] 董洁,谢悦波,翟金波.非参数统计在洪水频率分析中的应用与展望[J].河海大学学报(自然科学版),2004,32(1):23-26.

[25] 闫宝伟,郭生练,郭靖,等.多变量水文分析计算方法的比较[J].武汉大学学报(工学版),2009,42(1):10-15.

[26] 朱干江.非参数密度估计在判别分析中的应用[D].南京:南京信息工程大学,2007.

[27] Yue S. Joint probability distribution of annual maximum storm peaks and amounts as represented by daily rainfalls[J]. Hydrological Sciences Journal, 2000, 45(2): 315-326.

[28] 戴昌军,梁忠民.多维联合分布计算方法及其在水文中的应用[J].水利学报,2006,37(2):160-165.

[29] Pelck J S, Maia R P, Pinheiro H P, et al. A multivariate methodology for analysing

students' performance using register data[J]. European Journal of General Practice, 2021,26(1):42-50.

[30] Benth F E, Di Nunno G, Schroers D. Copula measures and Sklar's theorem in arbitrary dimensions [J]. Scandinavian Journal of Statistics, 2022, 49 (3): 1144-1183.

[31] 刘曾美,陈子燊.区间暴雨和外江洪水位遭遇组合的风险[J].水科学进展,2009, 20(5):619-625.

[32] Dixit S, Tayyaba S, Jayakumar K V. Spatio-temporal variation and future risk assessment of projected drought events in the Godavari River Basin using regional climate models[J]. Journal of Water and Climate Change, 2021, 12(7):3240-3263.

[33] 康玲,何小聪.南水北调中线降水丰枯遭遇风险分析[J].水科学进展,2011,22(1): 44-50.

[34] 闫宝伟,郭生练,陈璐,等.Copula函数在水文计算中的适用性分析[J].数学的实践与认识,2012,42(3):85-93.

[35] 冉啟香,张翔.多变量水文联合分布方法及Copula函数的应用研究[J].水电能源科学,2010,28(9):8-11.

[36] 冯仲恺,牛文静,程春田,等.大规模水电系统优化调度降维方法研究Ⅰ:理论分析[J].水利学报,2017,48(2):146-156.

[37] 冯仲恺,牛文静,程春田,等.大规模水电系统优化调度降维方法研究Ⅱ:方法实例[J].水利学报,2017,48(3):270-278.

[38] Rani D, Moreira M M. Simulation-optimization modeling: A survey and potential application in reservoir systems operation[J]. Water Resources Management, 2010, 24(6):1107-1138.

[39] Macian-Sorribes H, Tilmant A, Pulido-Velazquez M. Improving operating policies of large-scale surface-groundwater systems through stochastic programming[J]. Water Resources Research, 2017, 53(2):1407-1423.

[40] Dantzig G B, Wolfe P. Decomposition principle for linear programs[J]. Operations Research, 1960, 8(1):101-111.

[41] Turgeon A. Optimal scheduling of thermal generating units[J]. IEEE Transactions on Automatic Control, 1978, 23(6):1000-1005.

[42] Foufoula-Georgiou E, Kitanidis P K. Gradient dynamic programming for stochastic

optimal control of multidimensional water resources systems[J]. Water Resources Research,1988,24(8):1345-1359.

[43] Haddad O B, Hosseini-Moghari S M, Loáiciga H A. Biogeography-based optimization algorithm for optimal operation of reservoir systems[J]. Journal of Water Resources Planning and Management,2016,142(1):1-15.

[44] Oliveira R, Loucks D P. Operating rules for multireservoir systems[J]. Water Resources Research,1997,33(4):839-852.

[45] Ostadrahimi L, Mariño M A, Afshar A. Multi-reservoir operation rules: Multi-swarm PSO-based optimization approach[J]. Water Resources Management,2012,26(2):407-427.

[46] Abdollahi A, Ahmadianfar I. Multi-mechanism ensemble interior search algorithm to derive optimal hedging rule curves in multi-reservoir systems[J]. Journal of Hydrology,2021,598(4):1-17.

[47] 张勇传,李福生,熊斯毅,等.水电站水库群优化调度方法的研究[J].水力发电,1981(11):50-54.

[48] 鲁子林.水库群调度网络分析法[J].华东水利学院学报,1983(4):35-48.

[49] 董子敖,阎建生.计入径流时间空间相关关系的梯级水库群优化调度的多层次法[J].水电能源科学,1987(1):29-40.

[50] 王世定,杨培君.梯级水电站水库群优化调度的网络规划分解协调法(NP-DC)[J].水电能源科学,1991,9(3):198-206.

[51] 王本德,周惠成,程春田.梯级水库群防洪系统的多目标洪水调度决策的模糊优选[J].水利学报,1994,25(2):31-39,45.

[52] 徐刚,马光文,梁武湖,等.蚁群算法在水库优化调度中的应用[J].水科学进展,2005,16(3):397-400.

[53] 林剑艺,程春田,于滨,等.基于改进蚁群算法的梯级水库群优化调度[J].水电能源科学,2008,26(4):53-55,204.

[54] 邓显羽,彭勇,叶碎高,等.基于PSO的水库群联合供水优化调度应用研究[J].水电能源科学,2010,28(8):40-42.

[55] 纪昌明,李继伟,张新明,等.基于免疫蛙跳算法的梯级水库群优化调度[J].系统工程理论与实践,2013,33(8):2125-2132.

[56] 李文莉,李郁侠,任平安.基于云变异人工蜂群算法的梯级水库群优化调度[J].水力

发电学报,2014,33(1):37-42.

[57] Matrosov E S, Huskova I, Kasprzyk J R, et al. Many-objective optimization and visual analytics reveal key trade-offs for London's water supply[J]. Journal of Hydrology,2015,531(1):1040-1053.

[58] Anand J, Gosain A K, Khosa R. Optimisation of multipurpose reservoir operation by coupling soil and water assessment tool (SWAT) and genetic algorithm for optimal operating policy (case study: Ganga river basin)[J]. Sustainability, 2018, 10 (5):1660.

[59] Araya A, Gowda P H, Rad M R, et al. Evaluating optimal irrigation for potential yield and economic performance of major crops in southwestern Kansas[J]. Agricultural Water Management,2021, 244(1):1-16.

[60] Zhao D D, Liu J G, Sun L X, et al. Quantifying economic-social-environmental trade-offs and synergies of water-supply constraints: An application to the capital region of China[J]. Water Research,2021,195(1):1-14.

[61] Harou J J, Pulido-Velazquez M, Rosenberg D E, et al. Hydro-economic models: Concepts, design, applications, and future prospects[J]. Journal of Hydrology, 2009,375(3):627-643.

[62] Zhang C, Li Y, Chu J G, et al. Use of many-objective visual analytics to analyze water supply objective trade-offs with water transfer[J]. Journal of Water Resources Planning and Management,2017,143(8):1-6.

[63] 彭安帮,李昂.跨流域调水条件下水库群调度规则研究进展[C]//中国水利学会.2022中国水利学术大会论文集:第一分册.郑州:黄河水利出版社,2022:331-339.

[64] Afshar A, Shafii M, Haddad O B. Optimizing multi-reservoir operation rules: An improved HBMO approach[J]. Journal of Hydroinformatics, 2011, 13 (1): 121-139.

[65] Ahmadi Najl A, Haghighi A, Vali Samani H M. Simultaneous optimization of operating rules and rule curves for multireservoir systems using a self-adaptive simulation-GA model[J]. Journal of Water Resources Planning and Management, 2016, 142(10): 41-52.

[66] Seong L K, Sung C E. Optimal Operation Rules for Multireservoir Systems Using Genetic Algorithm[J]. Journal of the Korean Society of Civil Engineers B, 2004,

24(1B):9-17.

[67] 何中政.水库群中长期发电调度优化方法研究[D].武汉:华中科技大学,2020.

[68] 周研来,梅亚东,杨立峰,等.大渡河梯级水库群联合优化调度函数研究[J].水力发电学报,2012,31(4):78-82.

[69] Chen L H, Yu J, Teng J, et al. Optimizing Joint Flood Control Operating Charts for Multi-reservoir System Based on Multi-group Piecewise Linear Function[J]. Water Resources Management,2022,36(9):3305-3325.

[70] Tegegne G, Kim Y O. Representing inflow uncertainty for the development of monthly reservoir operations using genetic algorithms[J]. Journal of Hydrology,2020,586(1):1-10.

[71] Farias C A S, Trigueiro H O, Kadota A. Use of implicit stochastic optimization and genetic algorithms for deriving reservoir hedging rules[J]. Journal of Japan Society of Civil Engineers, Ser. B_1 (Hydraulic Engineering),2014,70(4):217-222.

[72] 李智录,施丽贞,孙世金,等.用逐步计算法编制以灌溉为主水库群的常规调度图[J].水利学报,1993,24(5):44-47.

[73] 崔瀚哲,姚磊.灌溉和供水水库多级兴利调度图编制方法[J].水利科技与经济,2022,28(9):70-75.

[74] 谢维,纪昌明,李克飞,等.金沙江梯级水电站群联合发电运行三种常规调度方法研究[J].水力发电,2011,37(8):81-84.

[75] Yu S, Ji C M, Xie W, et al. Instructional mutation ant colony algorithm in application of reservoir operation chart optimization[C]//2011 Fourth International Symposium on Knowledge Acquisition and Modeling. Sanya, China. IEEE, 2011:462-465.

[76] Li Z L, Li X P, Zhao W J, et al. Optimization allocation model of water resources of Shiyang River basin based on multi-objective genetic algorithm[J]. Journal of Lanzhou University of Technology, 2013(2).

[77] 郭旭宁,胡铁松,李新杰,等.配合变动分水系数的二维水库调度图研究[J].水力发电学报,2013,32(6):57-63.

[78] 郭荣,崔东文.飞蛾火焰优化算法及其在梯级水库优化调度中的应用[J].人民珠江,2019,40(1):92-96.

[79] 吴贞晖,梅亚东,李析男,等.基于"模拟-优化"技术的多目标水库调度图优化[J].中

国农村水利水电,2020(7):216-221.

[80] Kong Y J, Mei Y D, Wang X X, et al. Solution selection from a Pareto optimal set of multi-objective reservoir operation via clustering operation processes and objective values[J]. Water, 2021, 13(8): 1-19.

[81] Jain S, Reddy N, Chaube U C. Analysis of a large inter-basin water transfer system in India[J]. International Association of Scientific Hydrology Bulletin, 2005, 50(1): 125-137.

[82] Rey D, Garrido A, Calatrava J. An innovative option contract for allocating water in inter-basin transfers: The case of the *Tagus*-segura transfer in Spain[J]. Water Resources Management, 2016, 30(3): 1165-1182.

[83] Gurung P, Bharati L. Downstream impacts of the melamchi inter-basin water transfer plan (MIWTP) under current and future climate change projections[J]. Hydro Nepal: Journal of Water, Energy and Environment, 2012, 11(1): 23-29.

[84] 卢华友,沈佩君,邵东国,等.跨流域调水工程实时优化调度模型研究[J].武汉水利电力大学学报,1997(5):12-16.

[85] 任保华,黄平.二次规划在调水决策和水分配问题中的应用[J].气候与环境研究,2006,11(3):361-370.

[86] 王国利,梁国华,曹小磊,等.基于协商对策的群决策模型及其在跨流域调水方案优选中的应用[J].水利学报,2010,41(5):624-629.

[87] 郭旭宁,胡铁松,吕一兵,等.跨流域供水水库群联合调度规则研究[J].水利学报,2012,43(7):757-766.

[88] 彭安帮,彭勇,周惠成.跨流域调水条件下水库群联合调度图的多核并行计算研究[J].水利学报,2014,45(11):1284-1292.

[89] Wan F, Yuan W L, Zhou J. Derivation of tri-level programming model for multi-reservoir optimal operation in inter-basin transfer-diversion-supply project[J]. Water Resources Management, 2017, 31(1): 479-494.

[90] 王芊予,胡天林,芮松楠,等.基于模拟优化模型的渠井结合灌区多目标水资源优化配置[J].节水灌溉,2022(9):30-38.

[91] 康燕楠,降亚楠,苏振辉.基于NSGA-Ⅲ和FloPy的灌区水资源多目标模拟优化模型[J].水利与建筑工程学报,2021,19(3):17-23.

[92] Oliveira J B, Jin M, Lima R S, et al. The role of simulation and optimization

methods in supply chain risk management: Performance and review standpoints[J]. Simulation Modelling Practice and Theory, 2019, 92: 17-44.

[93] Shangguan Z, Shao M G, Horton R, et al. A model for regional optimal allocation of irrigation water resources under deficit irrigation and its applications[J]. Agricultural Water Management, 2002, 52(2): 139-154.

[94] Zhang X X, Guo P, Zhang F, et al. Optimal irrigation water allocation in Hetao Irrigation District considering decision makers' preference under uncertainties[J]. Agricultural Water Management, 2021, 246(1): 1-12.

[95] Cheng C T, Shen J J, Wu X Y, et al. Operation challenges for fast-growing China's hydropower systems and respondence to energy saving and emission reduction[J]. Renewable and Sustainable Energy Reviews, 2012, 16(5): 2386-2393.

[96] Wang J, Cheng C T, Shen J J, et al. Optimization of large-scale daily hydrothermal system operations with multiple objectives[J]. Water Resources Research, 2018, 54(4): 2834-2850.

[97] 贾艳辉. 基于耦合模型的灌区水资源优化配置研究[D]. 西安: 西安理工大学, 2018.

[98] Jiang Z Q, Liu P, Ji C M, et al. Ecological flow considered multi-objective storage energy operation chart optimization of large-scale mixed reservoirs[J]. Journal of Hydrology, 2019, 577: 123949.

[99] Xu W. Study on multi-objective operation strategy for multi-reservoirs in small-scale watershed considering ecological flows[J]. Water Resources Management, 2020, 34(15): 4725-4738.

[100] Singh A. Irrigation planning and management through optimization modelling[J]. Water Resources Management, 2014, 28(1): 1-14.

[101] Jiang Y, Xu X, Huang Q Z, et al. Optimizing regional irrigation water use by integrating a two-level optimization model and an agro-hydrological model[J]. Agricultural Water Management, 2016, 178: 76-88.

[102] Linker R. Unified framework for model-based optimal allocation of crop areas and water[J]. Agricultural Water Management, 2020, 228 (C): 1-9.

[103] 夏必胜. 基于模拟-优化耦合模型的流域水质目标管理研究[D]. 南京: 南京大学, 2018.

[104] 左其亭, 李冬锋. 基于模拟-优化的重污染河流闸坝群防污调控研究[J]. 水利学报,

2013,44(8):979-986.

[105] 吕继强,刘俊,沈冰,等.基于分布式水文模型GBHM的河流闸坝调控研究[J].人民黄河,2018,40(9):63-67,73.

[106] 水利部淮河水利委员会,水利部海河水利委员会.南水北调东线工程规划(2001年修订)简介[J].中国水利,2003(2):43-47.

[107] 黄红虎,谢伟东,张娟.南水北调东线工程简介[J].能源研究与利用,2004(4):3-5.

[108] 张全.对南水北调东线工程的再认识[J].中国水利,2001(6):46-47.

[109] 何静,吕爱锋,张文翔.气候变化背景下滇中引水工程水源区与受水区降水丰枯遭遇分析[J].南水北调与水利科技(中英文),2022,20(6):1097-1108.

[110] Wang S, Zhong P A, Zhu F L, et al. Analysis and forecasting of wetness-dryness encountering of a multi-water system based on a vine Copula function-bayesian network[J]. Water, 2022, 14(11): 1-25.

[111] Gu C X. Study on the necessity of small inter-basion transfers project[J]. Advanced Materials Research, 2012, 524: 2731-2734.

[112] Zhou Y L, Guo S L, Hong X J, et al. Systematic impact assessment on inter-basin water transfer projects of the Hanjiang River Basin in China[J]. Journal of Hydrology, 2017, 553(1): 584-595.

[113] Li Y, Zhang C, Chu J G, et al. Reservoir operation with combined natural inflow and controlled inflow through interbasin transfer: Biliu Reservoir in northeastern China[J]. Journal of Water Resources Planning and Management, 2016, 142(2): 901-906.

[114] 曹明霖,徐斌,王腊春,等.跨区域调水多水源水库群系统供水联合优化调度多情景优化模型研究与应用[J].南水北调与水利科技,2019,17(6):54-61,112.

[115] Zhu X P, Zhang C, Fu G T, et al. Bi-level optimization for determining operating strategies for inter-basin water transfer-supply reservoirs[J]. Water Resources Management, 2017, 31(14): 4415-4432.

[116] 周惠成,刘莎,程爱民,等.跨流域引水期间受水水库引水与供水联合调度研究[J].水利学报,2013,44(8):883-891.

[117] 曹明霖.供水水库群联合调度方法研究[D].南京:河海大学,2016.

[118] Pan Z H, Chen L H, Teng X. Research on joint flood control operation rule of parallel reservoir group based on aggregation-decomposition method[J]. Journal of

Hydrology, 2020, 590(1): 1-19.

[119] Liu Y. Automatic calibration of a rainfall-runoff model using a fast and elitist multi-objective particle swarm algorithm[J]. Expert Systems with Applications, 2009, 36(5): 9533-9538.

[120] 吴亚杰. 基于地表水-地下水耦合模拟的黑河流域水资源配置研究[D]. 哈尔滨:哈尔滨工业大学, 2020.

后　　记

自从开始本书的创作，我逐渐领悟到写作不仅是一种表达个人思想和情感的方式，更是一种艺术和科学。通过写作的过程，我深感写作研究的深度和广度。它涉及水文学、水利学、地理学、环境学等多个学科，同时也需要不断地实践和反思。从构思、草拟、修改到最终的定稿，每一步都需要精心打磨和不断推敲。同时，我也意识到写作研究的挑战性。在面对不同的主题和受众时，我们需要灵活运用不同的写作技巧和策略。这需要我们具备丰富的知识储备和敏锐的洞察力，以便更好地捕捉和呈现所要表达的内容。在写作研究中，我还发现了自己的成长。每一次的写作实践都让我更深入地思考问题，更清晰地表达思想。同时，我也通过写作研究结识了许多志同道合的人，我们一起交流、学习、成长。

本书主要介绍了复杂水资源系统优化调度的相关原理和方法，通过理论分析和实践，可以极大提高水资源系统的效益和供水可靠性，实现南水北调东线江苏段湖库群的高效运行、水资源的合理配置，具有重要的科学意义和应用价值。本书以南水北调东线江苏段为研究对象，开展了复杂水资源系统多目标联合调度研究。本书分析了研究区内供水水源的来水丰枯组合特性，提出了多水源联合调度引调水成本相对高低的成本递增多情景优化调度方法；建立了结合实时来水水情的启发式调度图，解决了利用实时来水不断调整调度策略以减少调度过程中存在的供水不足问题；构建了多水源模拟优化耦合模型，实现了水资源的精准化配置，在满足远距离输水稳定性要求的同时保证了系统供水的精准性，提高了水资源利用效率。本书在多水源调水优化方法、耦合模型的构建、启发式调度图的研制等方面有所创新。

跨流域联合调度过程中存在供水水源多、受水用户多、供需关系复杂、水工程集群复杂、调度目标难以协调等问题，研究对象的复杂性导致针对此类问题的研究存在诸多难点。本书以参与的跨流域调水项目为出发点，对该研究中存在的一些问题进行了分析与改进，但由于时间和精力受限，仍有诸多问题有待后续学习工作中进一步探索解决之道。

在本书的完成过程中，我们衷心感谢所有给予支持与帮助的人士。首先，我们要特别感谢江苏省水资源中心的常本春老师和杨树滩老师，以及南京大学的马劲松老师和曾春芬老师。正是在你们的指导和支持下，本书得以顺利完成；你们的宝贵意见和建设性建议为本研究的内容增添了丰富性与深度。除此之外，我们也要感谢那些未能一一列举的朋友们，尽管无法逐一提及，但我们深知你们在整个过程中给予的支持与鼓励。无论是直接提出的建议，还是在背后默默支持的关心，都是推动我们在写作旅程中不断前行的重要力量，你们的帮助激励着我们进一步探索和完善本书。

曹明霖